Conocimiento e innovación

Notas para el relanzamiento del Sistema Nacional de Ciencia, Tecnología e Innovación en Venezuela.

Carlos Genatios y Marianela Lafuente

Conocimiento e innovación.
Notas para el relanzamiento del Sistema Nacional de Ciencia, Tecnología e
Innovación en Venezuela.

EDICIONES CITECI
Colección Conocimiento y Desarrollo.
Centro CITECI, 2015

AUTORES
Carlos Genatios
Marianela Lafuente

EDITORES
Carlos Genatios
Marianela Lafuente

Diseño
María Isabel Almiñana

Depósto Legal: lf25220156003660
ISBN: 978-980-7081-08-5
© Centro CITECI
RIF: J-29348525-8

www.citeci.com
contacto@citeci.com

Fotografía de portada: https://pixabay.com/en/drip-spray-water-liquid-1048722/

"Sólo una cosa no hay, es el olvido"

(Jorge Luis Borges, Everness)

Los Autores

Los autores de este libro son ingenieros civiles, de la Universidad Central de Venezuela (UCV) en 1980, ambos con la mención Summa Cum Laude, son Máster en Ingeniería Estructural en la Universidad Federal de Río de Janeiro y Doctores en Ciencias Aplicadas del Instituto Nacional de Ciencias Aplicadas, Francia. Efectuaron estudios postdoctorales en l'École Normale Supérieure - Université París VI y en el INSA. Ambos combinan la formación técnica con estudios humanísticos: ambos obtuvieron la licenciatura de filosofía de la UCV; Marianela Lafuente es, además, licenciada en letras modernas de la Universidad Toulouse II de Francia y Carlos Genatios obtuvo un Diplôme d'Études Approfondies (D.E.A.) de la misma universidad.

Por más de veinticinco años han sido profesores e investigadores universitarios, líderes de instituciones de gobierno y consultores. Son profesores titulares de la Universidad Central de Venezuela (UCV), en el Instituto de Materiales y Modelos Estructurales (IMME), instituto del cual ambos han sido directores y donde fundaron siete cátedras de pregrado y postgrado.

En 1999, Carlos Genatios fue nombrado ministro de Ciencia y Tecnología y se le asignó la tarea de fundar ese ministerio (MCT) e impulsar el desarrollo del Sistema Nacional de Ciencia, Tecnología e Innovación. Durante su gestión en el MCT, Marianela Lafuente ocupó el cargo de viceministra de Planificación y Desarrollo y en varias ocasiones fue ministra encargada. En Enero de 2002 renunciaron a esos cargos. Carlos Genatios fue presidente del Consejo Andino de Ciencia y Tecnología (2000–2001).

Los autores crearon varias instituciones y programas, entre los que destacan: el Ministerio de Ciencia y Tecnología, el Centro Nacional de Tecnologías de Información, el Fondo Nacional de Ciencia, Tecnología e Innovación, el Fondo para la Investigación y Desarrollo de las Telecomunicaciones, el Observatorio Nacional de Ciencia y Tecnología, el programa Infocentros, las agendas de competitividad, innovación y la incubadora de base tecnológica para pymes, el programa de Clusters, el Plan Nacional de Tecnologías de Información y

Telecomunicación (TIC). Asimismo, concibieron, desarrollaron y promovieron la Ley Orgánica de Ciencia, Tecnología e Innovación (LOCTI), hasta su promulgación en 2001 y promovieron y lograron la aprobación de la Ley de Firmas y documentos electrónicos.

Han sido consultores de la Presidencia del Banco Interamericano de Desarrollo, evaluadores de la iniciativa Millenium del Banco Mundial y de la CAF. Han sido cofundadores y directores de Geópolis, red latinoamericana para la reducción de riesgos desastres y el desarrollo sostenible. Han sido autores o coautores de numerosos artículos científicos y de opinión y de libros, entre los cuales se encuentran: Ciencia y Tecnología en América Latina, Contribuciones a la ingeniería estructural y sismorresistente, Revisión de la Normativa Sísmica de Estructuras en América Latina, Risques naturels et technologiques. Áleas, vulnerabilité et fiabilité des constructions, Desastres Sísmicos en ciudades de Países en Desarrollo, y Ciencia y Tecnología en Venezuela.

Carlos Genatios y Marianela Lafuente son miembros de la Academia Nacional de la Ingeniería y el Hábitat de Venezuela, ocupan los sillones XXX y XXV respectivamente.

Platón propone, desde lo profundo de la prisión que impone la caverna, salir de ella mediante "la ascensión allá Arriba. La contemplación de lo de Arriba, (...) es camino ascensional del Alma hacia el lugar de lo inteligible" (...) Arriba, "en lo cognoscible, está, Allá, cual final, la idea de lo Bueno; y es dificultosa de ver, más, una vez vista, hay que concluir que ella es causa para todo, de todo lo correcto y bello, que en lo visible engendra la luz" (...) " y aporta verdad e inteligencia, y que ha de verla quien se disponga a obrar sapientemente en privado o en público"

Platón, mito de la Caverna, La República
(versión de J.D. García Bacca)

"La clave para alcanzar la modernización está en el desarrollo de la ciencia y la tecnología. Por otro parte, si no prestamos atención a la educación, resultará imposible desarrollar la ciencia y la tecnología. Las palabras vacías no llevarán a ningún lugar (...) tenemos que disponer de conocimiento y de personal preparado"

Den Xiaoping (Respect Knowledge, Respect Trained Personnel: May 24, 1977. En Selected works of Deng Xiaoping, vol. 2, p.132.)

"China se concentrará en el desarrollo de la alta tecnología y la promoción de la informatización de la economía y la sociedad, nuestra estrategia es la industrialización con tecnologías de información. Tenemos que lograr un gran salto tecnológico."

Jian Zemin, World Computer Congres, Beijing, 2000
(Citado por E. Bregolat [BRE 2011], pag 92)

Sobre palabras y resistencia

La actual situación político-institucional de Venezuela, lejos de impulsar el desarrollo del país, en una dimensión en la cual el conocimiento, la ciencia, la tecnología y la innovación cumplan un rol determinante, que impulse el pleno ingreso en la "Sociedad del Conocimiento", obstaculiza el desarrollo y sustituye el conocimiento por creencias confusas y autoritarias, que nublan el horizonte que normalmente la ciencia ilumina. Las tinieblas acompañan el desmantelamiento de un país

La profundidad de la crisis política, económica y social que vive el país, hacen imposible, entre otras cosas, el desarrollo, la investigación y la innovación. Sin un mínimo equilibrio macroeconómico, y sin un mínimo clima de convivencia, es imposible desarrollar un país, es imposible hacer investigación e impulsar la innovación.

Las perspectivas de crecimiento de Venezuela son actualmente nulas. En esta oscura realidad, puede parecer ilógico plantearse el tema de los esfuerzos por mantener vivas las llamas de la investigación, el desarrollo, el conocimiento, la ciencia, la tecnología y la innovación. Y es justamente por ello que escribimos este trabajo, para que esas palabras, conceptos, análisis y políticas, no se pierdan en el horizonte de la confrontación y la destrucción que vive el país actualmente.

Este trabajo procura mantener vivas ideas que sugerimos sean analizadas y discutidas al momento de impulsar el desarrollo de un Sistema Nacional de Ciencia, Tecnología e Innovación, que procure el tránsito al desarrollo y el conocimiento.

Estas notas son para cuando termine de pasar esta tormenta, para cuando podamos levantarnos y entre escombros, renazcan las ideas, podamos leer y mirar el horizonte y salir de la caverna.

Junio 2015

A Tomás, Rebeca, Desirée, Eduardo, Geny y Ana Beatriz

Resumen

En septiembre de 1999 fue creado el Ministerio de Ciencia y Tecnología (MCT) con el sentido de hacer cumplir lo establecido en la Constitución de 1999: "El Estado reconocerá el interés público de la ciencia, la tecnología, el conocimiento, la innovación y sus aplicaciones y los servicios de información necesarios por ser instrumentos fundamentales para el desarrollo económico, social y político del país(…) El Estado destinará recursos suficientes y creará el sistema nacional de ciencia y tecnología de acuerdo con la ley. El sector privado deberá aportar recursos para las mismas."

Con la perspectiva de desarrollar el Sistema Nacional de Ciencia, Tecnología e Innovación (SNCTI), los lineamientos fundamentales de las políticas públicas lanzados por el MCT en el período 1999-2001, fueron:
- Innovación, conocimiento y calidad de vida.
- Talento humano, creatividad y conocimiento.
- Innovación y sector productivo.
- Redes y capacidades asociativas.
- Uso del conocimiento en la gestión pública.
- Desarrollo de las Tecnologías de Información y Comunicación (TIC).

En 2001 se creó y aprobó la Ley Orgánica de Ciencia, Tecnología e Innovación (LOCTI) la cual dio un impulso al desarrollo del SNCTI, involucró a los sectores públicos y privados y generó un mecanismo de inversiones y aportes financieros que permitía el acceso a los recursos necesarios para las actividades científicas, tecnológicas y de innovación que la nueva etapa de desarrollo del SNCTI requería. Numerosos avances se lograron en distintas áreas, tanto en el desarrollo del conocimiento, como su uso en el sector productivo y en la apropiación social del conocimiento.

A partir de 2003, la actividad desarrollada desde el MCT comenzó a tener un tinte político ideológico, asociado al proyecto del gobierno de desarrollar el Socialismo del siglo XXI, ausente en la Constitución de 1999.

La creación de la LOCTI en 2001 y las actividades iniciadas en 1999, mantuvieron una cierta presencia, cada vez menos importante, en el MCT, hasta que finalmente, en 2010, se reformó la LOCTI y los recursos fueron destinados directamente al Estado. Asimismo, las actividades dedicadas inicialmente al fortalecimiento del SNCTI, fueron orientadas al proyecto de desarrollo del Socialismo del Siglo XXI, más que hacia la inserción del país a la Sociedad del Conocimiento, como había sido planteado en 1999.

En el presente trabajo se analizan lineamientos con los que trabajó el MCT en sus inicios. Se recopilan los principios estratégicos, los lineamientos de políticas públicas y se enumeran problemas del SNCTI y se proponen soluciones posibles.

Se incluyen reflexiones en torno a la problemática educativa y al rol de la educación Online y la contribución que se esperaría de ellas para el país, en una perspectiva de integración global.

Se revisan también los problemas fundamentales que son analizados alrededor del desarrollo global de la sociedad, los cuales determinarán buena parte de los esfuerzos asociados al desarrollo tecnológico y la innovación en el mundo, y a los cuales toda actividad de promoción de la ciencia, la tecnología y la innovación, no puede ser ajena.

Este trabajo se hace con la finalidad de generar un reservorio de lineamientos estratégicos, políticas públicas y respuestas a problemas, así como perspectivas globales, que puedan revisarse y analizarse para, en un momento adecuado, acompañar el relanzamiento del SNCTI.

Conocimiento e innovación.

Notas para el relanzamiento del Sistema Nacional de Ciencia, Tecnología e Innovación en Venezuela.

Contenido

1) Innovación: característica del desarrollo productivo.

Los desarrollos teóricos iniciados por Joseph A. Schumpeter en 1939, han permitido comprender que la innovación es un factor primordial que impulsa el desarrollo, mediante la generación de cambios de los ciclos económicos, en un proceso de "destrucción creativa" [SCH 1912]. En el concepto original estudiado por Schumpeter, la innovación se basa en el desarrollo científico y tecnológico, es impulsada por la demanda desde el sector empresarial y cuenta con un agente activo en la figura central del "emprendedor".

A partir de ese planteamiento, las teorías han cambiado, esforzándose por brindar explicaciones sobre el concepto de innovación, su papel y sus efectos en el desarrollo económico; aparecen nociones más complejas de innovación asociadas a la "Nueva Economía", basada en las tecnologías de información y comunicación, uso del conocimiento y globalización de mercados. Ese paradigma, más que nuevas industrias y productos, implica una nueva lógica de procesos productivos y del conocimiento, que introduce nuevos modelos de organización que se extienden a toda la sociedad.

Según la definición de la OCDE, un sistema de innovación está constituido por una red de instituciones, de los sectores públicos y privados, cuyas actividades establecen, importan, modifican y divulgan nuevas tecnologías. Se trata, entonces, de un conjunto de agentes, instituciones y prácticas interrelacionadas, que constituyen, ejecutan y participan en procesos de innovación tecnológica, en una compleja dinámica.

Así, la innovación, que es una actividad intrínseca de un sistema social, deja de ser un logro impulsado por el "emprendedor visionario" para ser el resultado de un proceso dinámico dentro del Sistema Nacional de Innovación (SNI), que integra componentes macro, meso y microeconómicas que hacen posibles innovaciones tecnológicas, y su impacto en el desarrollo. Esto no elimina la importancia del emprendimiento y de los emprendedores como actores fundamentales, más bien procura desarrollar las condiciones sociales con el fin de estimular la innovación. El éxito depende de entramadas condiciones económicas, políticas y legales, nacionales e internacionales, de capacidades sociales, funcionamiento institucional y de relaciones y asociaciones entre redes sociales (que incluyen Estado, empresas, academia, universidades, investigadores).

En los países desarrollados, la conceptualización y fortalecimiento de los SNI se realiza (en el caso en que se haga) a nivel de políticas públicas, como un hecho posterior a su existencia, a fin de potenciar su capacidad innovadora.

Aun cuando, desde hace varias décadas, se han impulsado esfuerzos nada despreciables en Venezuela y en varios países de la región, para fortalecer capacidades científicas y tecnológicas, América Latina en general ha tenido poca participación en el paso al nuevo paradigma económico basado en el conocimiento y en la innovación. En términos generales, América Latina sigue presentándose al mundo como una fuente de materias primas. Con escenarios de pobreza, desigualdad económica y social, bajos indicadores de educación y salud, debilidad institucional, bajo desarrollo productivo y crisis políticas y sociales, los SNI son débiles, y se instalan primero como una meta a alcanzar enunciada en políticas públicas. La intervención del Estado es fundamental para hacer posible un ambiente propicio a la innovación y al desarrollo. Experiencias como la de China y otros países del sudeste asiático, indican que es posible lograr desarrollo si se implantan políticas adecuadas en las cuales el desarrollo científico y tecnológico, cumplen un rol preponderante, aunque no exclusivo.

Hasta hace aproximadamente dos décadas, muchos de los obstáculos que limitaban las posibilidades de instalar escenarios propicios para la Innovación en Venezuela eran producto de una situación compartida con numerosos países del tercer mundo.

Se pueden citar: la inestabilidad política y económica, bajo nivel educativo de la población en general, la poca utilización, subutilización o desempleo del escaso talento humano altamente capacitado existente, la debilidad institucional en el sector gobierno, la poca demanda de ciencia y tecnología por parte del sector empresarial y también del sector gobierno, la insuficiente capacidad de desarrollo científico y tecnológico acompañada de subutilización (y en no pocos casos, de la desestimación) de capacidades existentes, el bajo desarrollo de redes de cooperación institucionales, productivas, sociales, la fuga del talento joven por falta de oportunidades, la atrasada e insuficiente infraestructura, limitaciones en el transporte y las comunicaciones, la ausencia de un proyecto nacional incluyente y motivador, y, el bajo desarrollo del capital social.

Actualmente la situación venezolana se ha deteriorado todavía más, las capacidades productivas han sido disminuidas significativamente, la dependencia del petróleo es mucho mayor, la presencia del control de cambio, por más de una década, ha distorsionado la economía y reducido su eficiencia, la fuga de cerebros y de jóvenes es importante, y las perspectivas de desarrollar un sistema nacional de innovación, con el objetivo de insertar al país en la Sociedad del Conocimiento, están muy alejadas de la realidad actual. Es por ello necesario retomar directrices de análisis que permitan, al menos, plantear los problemas más profundos, en los términos adecuados, con el fin de insistir en los caminos necesarios para tomar un rumbo de desarrollo y calidad de vida para los venezolanos.

2) Cuando las crisis generan oportunidades y la importancia de la tecnología: el surgimiento de la industria petrolera Offshore.

El desarrollo vertiginoso, casi inesperado, de la industria offshore, originado por condiciones generadas por la guerra en el medio oriente, es un ejemplo de desarrollo tecnológico, de uso intensivo del conocimiento y de innovación.

La crisis de los años 1970 originada por el conflicto árabe-israelí, transformó la industria petrolera mundial, impactó severamente los balances económicos de los países industrializados y perturbó el nivel de vida de sus ciudadanos. Los altos precios del barril y la escasez mostraron el talón de Aquiles del norte. Largas colas afectaron a sus ciudadanos, y todos vieron que en la política exterior tiene demasiado peso el petróleo, por lo que termina siendo un tema de política interior también.

El enfrentamiento árabe-israelí condujo al cierre del canal de Suez, lo cual impuso una ruta más larga y costosa a los tanqueros, que debían dar la vuelta alrededor del cuerno de África, con lo que las limitaciones de tamaño que imponía el canal de Suez ya no eran necesarias, y se impulsó el uso de enormes tanqueros, los cuales que navegan actualmente el mundo y en los casos de accidentes, generan derrames importantes, con los consecuentes accidentes ecológicos. Por otro lado, la crisis hizo que los precios llegaran a niveles tales que permitieron que la costosísima explotación de los profundos pozos del Mar del Norte se hiciera rentable, con lo cual Noruega se convirtió en franco productor y exportador petrolero, y el Reino Unido se enrumbó en su recuperación retardada de la postguerra. Este es un ejemplo de innovación: cambio de factores, procesos y actores de producción, con uso intensivo del conocimiento y fuerte desarrollo tecnológico, en medio de una crisis política y económica global.

Este proceso de desarrollo industrial, se dio en medio de severas dificultades tecnológicas, la explotación a más de 200m de profundidad en el mar del Norte, con fuertes oleajes, no es un problema simple, y su solución abrió las puertas a la explotación actual de profundidades mayores.

Cubrir los costos de esa explotación sólo fue posible gracias a los elevados precios. Se desarrolló la tecnología requerida: la ingeniería Offshore (costa afuera), con gran esfuerzo y gracias a las capacidades de centros de investigación y al vínculo entre universidades e industria, y gracias al aumento de la demanda y a los precios altos del petróleo, productos de la crisis.

Como ejemplo de otro país que se posicionó progresivamente en la perspectiva de resolver la presión económica que representa la necesidad de combustibles y las limitaciones que esto representa para su desarrollo, Brasil, con una clara visión de incorporar el conocimiento y el fortalecimiento tecnológico en su visión de desarrollo nacional, hizo significativos esfuerzos para crear una industria petrolera con altos niveles tecnológicos y científicos. Desde Petrobras presentó solicitudes de desarrollo tecnológico a universidades, tanto nacionales como extranjeras, fortaleció redes nacionales e internacionales entre la academia y la industria petrolera, y logró ser firme partícipe del desarrollo de la industria Offshore. Con ese fin fortaleció vínculos con países como el reino Unido, pero también con Irak. Por otro lado, a fin de reducir la fuerte dependencia del petróleo que importaba, también implantó el uso del alcohol derivado de la caña para movilizar sus automóviles.

Todos esos esfuerzos sostenidos que Brasil ha mantenido por décadas, se han visto recompensados con un aumento de su productividad en el sector petrolero, la cual supera los 2 millones de barriles diarios, además de una sólida industria petrolera, la cual procura atender la demanda nacional a fin de utilizar sus recursos para su propio desarrollo tecnológico y social [TER 2014].

Las primeras plataformas de exploración y explotación petrolera sumergidas del mundo fueron construidas en el lago de Maracaibo en los años 1920 e inmediatamente fueron desarrolladas en el mar Caspio y el golfo de México. Eran plataformas que daban tímidos pasos y comenzaban a mojar sus piernas en pequeñas profundidades que no sobrepasaban la decena de metros, y eran inspeccionadas por buzos en apnea. Las exigencias tecnológicas y los costos hacían mucho más rentable la explotación en la tierra firme. Las quietas y tibias aguas del lago de Maracaibo, y los inmensos depósitos petroleros permitieron ir avanzando lentamente a profundidades apenas mayores.

Hoy, noventa años después, hay más de 4.000 plataformas en el golfo de México y más de 500 en el mar del Norte. Se utilizan plataformas de acero que llegan a 500 metros de profundidad, de concreto que sobrepasan profundidades de 200 m y plataformas semisumergibles, con cables tensados, que extraen petróleo a más de 2.000 m de profundidad, con olas de más de veinte metros de altura, vientos de unos 250 km/hora y terremotos o heladas que ponen en riesgo la integridad de las estructuras y la operación.

A finales de 2005, la inversión de la industria Costa Afuera ("offshore") era estimada en US$ 75.000 millones para los siguientes 5 años. El aumento de la explotación oceánica había sido del 540% entre 1998 y 2005 y la explotación a grandes profundidades había aumentado en 620% en el mismo período.

Las consecuencias ecológicas son todavía impredecibles, el cementerio de plataformas comienza a afectar delicados sistemas marinos que son mayormente desconocidos a esas profundidades.

Todo ese desarrollo comercial, energético y tecnológico se dio frente a los ojos de Venezuela, que veía todo ese desarrollo ocurrir, pero que no tuvo más interés que convertir a la industria petrolera, a partir de 2003 y 2004, en un ente ejecutor de programas sociales, encargado de distribuir alimentos y construir viviendas. Venezuela no participó en este desarrollo tecnológico de alto nivel, a pesar de tener gas y petróleo en la plataforma continental. En cambio, Trinidad sí lo aprovechó, para explotar sus pozos de gas.

El desarrollo económico y la evolución de la demanda, producen condiciones que pueden resultar en oportunidades para ciertos países colocados estratégicamente en el camino. Sin lugar a dudas, el conocimiento y las capacidades tecnológicas, son fundamentales para el aprovechamiento de estas oportunidades.

En el caso de la industria offshore, el conocimiento disponible y los altos precios del petróleo de los años 70, permitieron que las industrias y los ingenieros asumieran los riesgos de diseñar y desarrollar la tecnología.

Las principales empresas petroleras contaban con avanzados grupos de investigación, diseño y proyectos y por conseguirse en los EEUU y el Reino Unido, contaron también con grupos de investigación en las universidades de punta.

En esa dirección, Noruega adquirió, adaptó y participó en el desarrollo de la tecnología offshore, la transfirió y desarrolló parte de ella, y se esa manera generó un importante bienestar social a su población. Dejaron de ser un apacible pueblo de pescadores, para batallar con los árabes el dominio del mercado energético.

Para que un país esté en condiciones de seguir los procesos de innovación, y de generar soluciones propias y transferencias asociadas a sus condiciones particulares, es necesaria la articulación de un Sistema Nacional de Ciencia, Tecnología e Innovación. Un SNCTI que genere demanda de investigaciones, desarrollo y servicios, tanto a la academia como al sector privado, acompañando esa demanda con incentivos que impulsen la competitividad y rendimiento tanto del sector privado, como de los centros de investigación y desarrollo y las universidades.

La demanda del Estado de soluciones a problemas nacionales en un esquema de estímulos, debe ser una palanca de desarrollo que combata círculos de ineficiencia e improductividad sin destruir capacidades existentes en el sector académico. Esta es una manera de sembrar el petróleo. Todo esto requiere de la implementación y la recuperación de agendas y programas de capacitación, modernización y competitividad que a su vez impulsen los acuerdos y la participación colectiva en la búsqueda de objetivos comunes de alcance nacional. Esta inmensa tarea debe ser retomada.

Desde finales de 2005 la perspectiva del desarrollo petrolera era una gran oportunidad para Venezuela, los precios del petróleo superaron de manera consistente los 50$/barril y continuaron en su escalada ascendente (Economics Newsletter www.wtrg.com [EEN 2014]).

Desde 2005, esos altos precios han sido un estímulo para el surgimiento de alternativas de explotación petrolera, por hacer rentable la explotación de costosos pozos y el uso de alternativas energéticas de tecnologías no suficientemente desarrolladas anteriormente pero que se vieron aceleradas a partir del aumento de los precios, como sucedió con la explotación costa afuera. Para esos momentos, el crecimiento económico de China preveía un incremento importante de la demanda petrolera, la cual debía considerar también el crecimiento de la India y el de los otros países del sudeste asiático. En su proceso de crecimiento, se estimaba que China requeriría más de seis millones de barriles diarios.

Esa perspectiva de finales de 2005 podía ser una oportunidad para Venezuela. Si se fortalecía adecuadamente PDVSA, y se generaba un plan estratégico de fortalecimiento y desarrollo tecnológico, Venezuela hubiera podido estar colocada hoy en un alto nivel como potencia petrolera. Venezuela se presenta como el país con las mayores reservas de petróleo del mundo, pero sus capacidades son cada vez menores, y Venezuela ha llegado en los últimos meses, a importar gasolina.

Pero la realidad impuso un escenario distinto. A finales de 2014, 9 años después de 2005, la situación de la industria petrolera nacional, es muy difícil, y la presencia de Venezuela a nivel mundial, en la toma de decisiones y definición de acciones en la industria petrolera, es también débil, al igual que sus capacidades tecnológicas. A nivel mundial los precios del petróleo han descendido, y esto parece ser una tendencia que se mantendrá, dados los incrementos de la producción en los EEUU, el surgimiento y estabilización de nuevas fuentes de producción mediante innovaciones tecnológicas, la desaceleración del desarrollo chino, entre otras variables.

Otro hecho importante, facilitado por el aumento de los precios del petróleo, y que tampoco fue tomado en cuenta adecuadamente en nuestro país, fue el impulso y auge del uso de energías alternativas, como la eólica, solar y nuclear. Numerosos países, sobre todo europeos, han disminuido en gran medida su dependencia del petróleo para producir energía, gracias a importantes inversiones, estímulos fiscales y políticas públicas destinadas a favorecer el uso de energías alternativas y la promoción de una cultura conservacionista y "verde" en la población.

Adicionalmente, los líderes productores árabes, ven necesario bajar los precios para dificultar los desarrollos tecnológicos. En fin, toda una compleja política petrolera, en la cual Venezuela parece llevarse sólo la peor parte. Venezuela consigue esta baja de los precios del petróleo, en condiciones lamentables, con una economía muy debilitada, muy alta inflación, y con una industria petrolera en malas condiciones.

A continuación se incluyen partes de un artículo del ingeniero Francisco Layrisse, en el que analiza esta situación [LAY 2014]

> *"Los altos precios de los combustibles convencionales se convirtieron en un fuerte incentivo para la generación de fuentes alternas de energía, tales como los combustibles no convencionales provenientes de caña de azúcar, almidón de maíz, celdas solares, generadores eólicos, sólo para mencionar los más importantes.*
>
> *De igual manera, la repuesta en la explotación de hidrocarburos no convencionales, tales como los crudos pesados de la faja del Orinoco, o las arena bituminosas en el Canadá o las explotaciones no convencionales como las de costa afuera en el África Occidental, el presal brasileño, la fractura hidráulica lutitas para la producción de gas y crudo contenido en ellas, métodos más sofisticados para incrementar los factores de recuperación de yacimientos existente y prácticamente abandonados, solo para ilustrar los de mayor impacto.*
>
> *Todo lo anterior ha provocado una revolución en una industria como la energética que era considerada por muchos como industrias del ocaso frente a la fascinante industria de la*

informática, las comunicaciones, las puntocom. El mundo energético se mueve nuevamente en forma acelerada e incorpora los avances en otras áreas tales como la informática y las comunicaciones para acelerar aún más este desarrollo.

Los árabes han concientizado esa situación, lejos de la revolución venezolana que se adentra ya no en el siglo XX sino que entra en el siglo XIX, se aprestan a recuperar posiciones perdidas y desestimular desarrollos energéticos distintos. Los primeros afectados por esta guerra de la energía son aquellos quienes hayan hecho caso omiso de la advertencia del ahorro para los tiempos difíciles, en segundo término ordena los distintos mecanismos de producción de energía. El carbón limpio se hace más costoso en su competencia con el gas; las explotaciones del presal brasileño y el Ártico ruso pierden competitividad, las explotaciones costa afuera se revisan con lupa frente a otras opciones.

La industria energética en su conjunto enfrenta retos ambientales gigantescos; la fractura hidráulica de lutitas enfrenta opositores importantes; la disposición de celdas solares, baterías de igual manera; el uso de tierras fértiles para producir combustibles y no comida, ni hablar; la contaminación de mares por derrames de crudo imponen costos para evitarla o mitigarlas que las hace costosísimas. El mundo se mueve, los intereses económicos mediatizan las actuaciones de los ecologistas, de los habitantes del planeta. El juego es complejo, sutil, cruel pero no por ello se detiene.

Entre tanto, nos preguntamos, y Venezuela, que dirán nuestros dirigentes, nuestro gobierno, la oposición, los partidos políticos, etc. Se habrán enterado de que nos borraron, continuarán las discusiones sobre la política y la antipolítica, continuará la lucha por alcanzar o mantener el poder de algo que ya no existe."

Tomando en cuenta que el objetivo fundamental del presente trabajo es mantener vivas reflexiones para el relance de un programa de desarrollo científico y tecnológico, a fin de contribuir a la recuperación y desarrollo nacional, es necesario hacer algunas menciones a la industria petrolera nacional. Es vital que PDVSA genere la cadena productiva y comercializadora que impulsará el crecimiento industrial, y en tal sentido, se constituya en origen de la demanda nacional de productos y servicios, que pongan a funcionar la economía nacional, generar empleo y riqueza aguas arriba y aguas abajo del proceso petrolero. Simultáneamente, será vital preparar centros de capacitación, investigación y desarrollo tecnológico, incubadoras de empresas y parques tecnológicos, zonas especiales de inversión, fondos de capitales de riesgo y estímulos a la innovación tecnológica alrededor de la industria principal del país. Sera necesario apoyar la creación de un clima de estímulo al desarrollo de capacidades industriales de consultoría y de servicio, y de creación de consenso para la generación de confianza y capacidades de negociación.

3) Creación e inicios del Ministerio de Ciencia y Tecnología (1999-2002)

A inicios de 1999, los factores gubernamentales del país, mostraron interés en impulsar y fortalecer las actividades, instituciones, sectores y políticas de Ciencia y Tecnología, con la finalidad de procurar el desarrollo nacional y la inserción en la Sociedad del Conocimiento.

El elemento más significativo fue la mención a la Ciencia y la Tecnología en la Constitución. La Constitución aprobada en 1999, incluye la actividad científica y tecnológica, como una prioridad para el desarrollo. Artículo 110 (CRBV) "El Estado reconocerá el interés público de la ciencia, la tecnología, el conocimiento, la innovación y sus aplicaciones y los servicios de información necesarios por ser instrumentos fundamentales para el desarrollo económico, social y político del país, así como para la seguridad y soberanía nacional. Para el fomento y desarrollo de esas actividades, el Estado destinará recursos suficientes y creará el sistema nacional de ciencia y tecnología de acuerdo con la ley. El sector privado deberá aportar recursos para las mismas. El Estado garantizará el cumplimiento de los principios éticos y legales que deben regir las actividades de investigación científica, humanística y tecnológica. La ley determinará los modos y medios para dar cumplimiento a esta garantía."

Además, a nivel Constitucional, se estableció la libertad de creación y la obligación de brindar protección legal a los derechos de autor (artículo 98), así como la protección a los conocimientos tradicionales, incluyendo los de los pueblos indígenas (artículo 124), y prohibiendo, expresamente, el registro de patentes sobre estos conocimientos y recursos.

Como ente rector del Sistema Nacional de Ciencia y Tecnología, es creado, en el marco de la Ley Orgánica No 253 (Gaceta Oficial N0 36775), el Ministerio de Ciencia y Tecnología (MCT), el 10 de agosto de 1999. Desde su creación, la acción del Ministerio se encaminó hacia el establecimiento de un marco legal acorde con sus funciones y con el desarrollo de los principios enunciados en la Constitución, participando activamente en la elaboración y publicación de los siguientes instrumentos legales: la Ley Orgánica de Ciencia, Tecnología e Innovación, No 1290, publicada en Gaceta Oficial No. 37.291, de fecha 26/09/2001, y la Ley No 1204 sobre Mensajes de Datos y Firmas Electrónicas, publicada en Gaceta Oficial No 37202, de fecha 28 de febrero de 2001, ambas dentro del marco de la ley habilitante del 2001.

Instrumentos legales relevantes que enmarcan las actividades de Ciencia y Tecnología, son, entre otros: La Ley Orgánica de Telecomunicaciones (Gaceta Oficial No 36970, del 12 de junio de 2000), el Decreto No 825 (gaceta No 36955, del 22 de mayo de 2000), la Ley Especial sobre Delitos Informáticos (gaceta No 37313 del 30 de octubre de 2001), la ley del FIDES y la LAEE, el régimen legal vigente para la propiedad industrial, la ley de Universidades y la ley de Fondos y Sociedades de Capital de Riesgo.

A fin de avanzar en la conformación del Sistema nacional de ciencia y tecnología mencionado en la Constitución, se logró también que la Ley de la Función Pública de Estadística, publicada en Gaceta No 37321, de fecha 9 de noviembre de 2001, transfiriera al MCT las competencias de rectoría del Estado relacionadas con Tecnologías de Información, en lo que respecta al establecimiento de políticas, el fomento y desarrollo de estas tecnologías y el desarrollo de acciones conducentes a su adaptación y asimilación por la sociedad.

El ministerio de Ciencia y Tecnología fue creado en 1999. En el periodo inicial de su creación, comprendido entre septiembre de 1999 y enero de 2002, el MCT se propuso como uno de sus tareas, la de implementar áreas de desarrollo con el doble objetivo de lograr resultados de impacto a corto plazo, que permitieran dar visibilidad al sector y, al mismo tiempo, formular políticas para contribuir de manera determinante, a desarrollar el Sistema Nacional de Ciencia Tecnología e Innovación, cuyos procesos son de mediano y largo plazo [GEN 2007].

Sin abandonar el fortalecimiento de la oferta de financiamiento a proyectos que tradicionalmente se efectuaban desde el Consejo Nacional de Ciencia y Tecnología (CONICIT), se realizaron esfuerzos y convocatorias a proyectos a fin de atender problemas específicos de la realidad nacional y se formularon estrategias y objetivos de inversión destinados a: incentivar la demanda de ciencia y tecnología por parte de los sectores productivos, públicos y de la sociedad en general, sin abandonar el fortalecimiento de la oferta; desarrollar las capacidades de los sectores productivos, gubernamentales, académicos y de la sociedad en general, para la producción, absorción y utilización del conocimiento, la ciencia y la tecnología; estructurar redes de cooperación productiva y social, sustratos necesarios para el desarrollo del Sistema Nacional de Ciencia Tecnología e Innovación (SNCTI), propiciar el crecimiento del capital social y los cambios organizacionales, sociales y productivos que caracterizan a la «Sociedad del conocimiento».

Entre los grandes obstáculos que se oponían a estas estrategias y a la instalación de procesos de innovación en el país merecen especial atención las debilidades de las instituciones públicas, su poca claridad en una visión de desarrollo incluyente y motivador, y su baja capacidad de ejecución para responder a las cambiantes exigencias del entorno. Es la clásica resistencia a la innovación y desarrollo de las propias instituciones, dado el salto cualitativo que en un principio se propuso, y que contaba con el MCT como un instrumento estratégico. Se hacía evidente la necesidad de lograr un cambio en los modelos de gestión pública; de consolidar instituciones incluyentes, motivadoras y flexibles, con capacidad de adaptarse dinámicamente a las demandas del entorno para la ejecución de sus políticas, de transformar los modelos organizacionales y fortalecer capacidades para responder a esta demanda de manera eficaz y eficiente. Actualmente, la situación ha empeorado significativamente.

4) El rol del Estado y el Sistema Nacional de Ciencia, Tecnología e Innovación.

Plantearse temas de desarrollo a nivel de Estado, es expresar la comprensión que del sujeto y de la sociedad, tienen las personas o grupos que dirigen las instituciones o detentan el poder. Los programas de ciencia, tecnología e innovación promovidos hasta 2002, tenían como objetivo el desarrollo del país para su inserción en la Sociedad del Conocimiento. Dentro de ese programa de desarrollo social y económico, se reconocen como primordiales el desarrollo del sujeto y su interacción con el resto de la sociedad, en un contexto de libertad, responsabilidad y solidaridad, procurando la construcción de una visión compartida de país, cuyos ideales guiaran la acción pública. Y en ese proceso, el conocimiento, la investigación científica y el desarrollo tecnológico, son herramientas fundamentales.

Los roles del conocimiento y de la innovación son reconocidos cada vez más, como fundamentales para el desarrollo de un país. En un trabajo desarrollado en el Banco Interamericano de Desarrollo (BID), se plantea: "El advenimiento de la economía del conocimiento ha puesto de relieve la importancia cada vez mayor de la innovación y los recursos intelectuales como fuentes de competitividad y crecimiento a largo plazo. Al mismo tiempo, el cambio climático y los límites evidentes en la disponibilidad de fuentes convencionales de energía presentan desafíos que requieren acción y coordinación inmediata a escala internacional. En respuesta a estos desafíos, los gobiernos del mundo desarrollado reconocen cada vez más que fortalecer la inversión en conocimiento e innovación impulsará la recuperación económica y favorecerá el desarrollo de nuevas destrezas económicas sustentables (OCDE, 2009)" [BID 2011].

En las últimas décadas, el mundo ha podido observar el surgimiento de China como una inmensa potencia, y en ese proceso, la ciencia y la tecnología han tenido un rol fundamental. El desarrollo industrial, económico y productivo chino, con las consecuencias de mejora de la calidad de vida de su población y su presencia en el mundo actual, ha tenido su origen en un esfuerzo que emprendió Den Xiaoping, quien había sido secretario general del Comité Central del partido Comunista Chino hasta 1966, cuando fue detenido en medio de la Revolución Cultural. A partir de ese momento fue execrado, pasó 7 años en una base del ejército, luego exilado a la provincia de Jiangxi, y luego puesto a trabajar media jornada en el campo y media como obrero en un taller de tractores, y su familia fue también execrada y su hijo martirizado. Posteriormente fue rehabilitado por Mao en 1973, quien llegó a pedirle perdón por los malos momentos que había sufrido, y en 1974 fue el primer interlocutor en los diálogos con Estados Unidos. Ya para esos momentos mostraba su visión del futuro que impulsaría en China, estaba consciente del atraso de su país, y mantenía siempre presente la importancia del desarrollo científico y tecnológico como palanca de crecimiento y desarrollo.

En el libro de Henry Kissinger "On China" [KIS 2011] Kissinger incluye datos de una conversación en la que Den, en un encuentro con una delegación de científicos australianos, les decía que China era un país pobre que necesitaba intercambios científicos y aprender de países avanzados como Australia. También cita unas declaraciones de Den Xiaoping, del 26 de septiembre de 1976, tituladas "Hay que dar prioridad a la investigación científica". Señaló la necesidad de poner énfasis en la ciencia y la tecnología para poder lograr el desarrollo económico chino, el cual, en menos de 40 años, logro transformar esa China pobre, en la segunda potencia mundial.

Este claro carácter de innovador en la política china que emprendió Den Xiaoping, es también reseñado por el embajador español en China Eugenio Bregolat, en su libro: "La segunda revolución china: claves para entender al país más importante del siglo XXI" [BRE 2011]. Bregolat escribe:

> *"Den Xiaoping afirmó que la ciencia y la tecnología constituyen el principal factor de la producción. La modernización de la ciencia y de la tecnología es una de las "cuatro modernizaciones" junto a las de la agricultura, la industria y la defensa. Tras su rehabilitación, en julio de 1977, el primer trabajo de Den fue encargarse, a petición propia, de la educación, la ciencia y la tecnología. Este hecho indica la muy alta prioridad que*

> *Den y la nueva dirección del PCCh concedían a esos sectores. Fueron rehabilitados científicos, técnicos e intelectuales, perseguidos bajo la Revolución Cultural (Mao los calificó de "hedionda novena categoría", la más baja de la escala social, "bestias de carga del proletariado"); se reabrieron y potenciaron las universidades, cerradas durante la década de la Revolución Cultural, y se empezaron a enviar estudiantes a los países desarrollados, en su inmensa mayoría para cursar especialidades científicas y tecnológicas."*

Regresando del ejemplo chino al contexto nacional, el objetivo principal, dentro de la visión del desarrollo que procure la inserción en la sociedad del conocimiento, requiere de un Estado que genere acciones orientadas a dinamizar la labor de los distintos actores y grupos (academia, empresas, sociedad y gobierno), construyendo capacidades asociativas que contribuyan al capital social. En ese esfuerzo, es necesario prestar atención a necesidades prioritarias y a la definición de ámbitos de gran potencial de desarrollo que representan oportunidades nacionales, así como esfuerzos para crear oportunidades de acceso, desarrollo y aprovechamiento del conocimiento, con el objetivo de lograr el desarrollo del sujeto y de la sociedad, son primordiales.

El desarrollo del paradigma social y económico que define la Sociedad del Conocimiento [KRU 2006], requiere de cambios en la concepción del rol del Estado y en sus prácticas en la definición e implantación de políticas públicas. Tradicionalmente, el rol del Estado es el de formular políticas y luego implantarlas de manera vertical, procurando evaluar sus resultados. En el ámbito de la ciencia y la tecnología, esto equivale a la tarea que tradicionalmente realizaba el Conicit, la cual consistía principalmente en procurar consolidar la oferta de conocimientos y de otorgar fondos públicos para ello.

El rol del Estado necesario para promover y desarrollar un Sistema Nacional Innovación (SNI), o como en este caso se decidió llamar: Sistema Nacional de Ciencia, Tecnología e Innovación (SNCTI), requiere, no sólo fortalecer la oferta de conocimiento desde el sector académico, sino también, el rol fundamental de promover la participación de todos los actores sociales en la construcción conjunta de las políticas, la planificación y el control, coordinar su actuación en la ejecución, incentivar la demanda y promover la participación del sector privado en el financiamiento, aprovechamiento y desarrollo de las actividades de ciencia y tecnología. Es un rol mucho más activo, que exige fortalezas institucionales y capacidades de promoción, negociación, articulación de redes, monitoreo del entorno y de evaluación y seguimiento de la gestión. Es, además, un rol de responsabilidades compartidas, en las que se procura la propuesta de objetivos comunes, tanto en el sector de generación de la oferta de conocimiento, como en el sector empresarial y productivo, como demandante de conocimiento (no siendo el único en cumplir este papel).

Este cambio de paradigma corresponde a la deseada instalación de un modelo de producción y apropiación social del conocimiento, basado en la vinculación de la oferta y la demanda, en formas de organización más horizontales, estructuradas en redes de cooperación, con la utilización intensiva del capital social, la valoración del talento, el uso de nuevas tecnologías y de la innovación en todas sus formas. Es un proceso complejo, que no se reduce a la implantación de políticas por parte del gobierno, sino que se extiende a todos los sectores sociales.

La gestión de un Estado que tenga entre sus objetivos el fortalecimiento del SNCTI, debe incluir, de manera prioritaria, el desarrollo de cada uno de los actores, en la procura de altos niveles de calidad, competitividad, cooperación y éxito, como parte de un sistema que impulsa el desarrollo económico y social, y el bienestar de la sociedad. Los conceptos de cadenas productivas, clusters y capacidades asociativas, son necesarios a fin de impulsar una economía que incremente la demanda y la oferta de conocimiento.

La escogencia de áreas principales de oportunidad nacionales con potencial de desarrollo, y la creación de una dinámica motivacional y de crecimiento a su alrededor, es una tarea necesaria, que debe involucrar a todos los actores del SNCTI; para ello se utilizaron mecanismos como las Agendas (que formulaban programas con el consenso de los actores), el uso de la Prospección, y el desarrollo de programas de Fortalecimiento de la Gestión Regional. Las agendas (nombre que se ha utilizado en Venezuela, que equivale a las 'mesas", nombre que se ha utilizado en Uruguay) son mecanismos de formulación de programas de acción pública, que se hacen con una activa participación ciudadana. En el caso de los programas de ciencia y tecnología en Venezuela, las agendas fueron iniciadas en el lapso 1994-1999, y consisten básicamente en la discusión pública de los lineamientos para la asignación de recursos a proyectos de I+D; para ello se hacen convocatorias abiertas y se estimula la participación de los actores involucrados. Este mecanismo, en general, ha dado muy buenos resultados.

Como base para la planificación y la identificación de áreas y circuitos estratégicos, el MCT de 1999-2002 implementó la realización del Plan Nacional de Prospección Científica y Tecnológica, así como ejercicios de prospección en distintas áreas productivas. Se privilegió la metodología prospectiva porque permite la construcción colectiva de la visión de futuro compartida entre los actores involucrados; la identificación de oportunidades de desarrollo vinculadas a los avances científicos y tecnológicos; la organización de redes de actores sociales, de expertos e instituciones; establecer estrategias de consenso; establecer alianzas y compartir responsabilidades e inversiones en el desarrollo de la estrategia [ANG 2000]. Algunos de los países que han utilizado metodologías de prospección son: Japón, Canadá, Australia, Inglaterra, India, Corea del Sur, Estados Unidos, España, Alemania, Francia, Holanda, Austria, Noruega, Suecia, Finlandia, Hungría, Nueva Zelanda.

En el período inicial de la gestión del MCT (1999-2001) se procuró alcanzar algunos resultados de impacto a corto plazo. La experiencia mostró que es posible conseguir éxitos tempranos en circuitos de innovación específicos, sin descuidar los objetivos de más largo plazo que apuntan a consolidar integralmente el Sistema Nacional de Ciencia, Tecnología e Innovación (SNCTI). Un ejemplo, en el área de las TIC (Tecnologías de Información y Comunicación) fueron los logros en la masificación del uso de Internet, en el avance del gobierno electrónico, la formación de capacidades humanas, el desarrollo de la industria del software y de contenidos nacionales, entre otros, los cuales hicieron que Venezuela pasara, de acuerdo con el Índice mundial de la sociedad de la información, de la posición número 44 en agosto de 2000 a la posición número 37 en julio de 2001. La continuidad de las políticas públicas y los planes gubernamentales son factores indispensables para sustentar este impulso.

Como un elemento fundamental para el desarrollo del SNCTI, en 2001 fue promulgada la Ley Orgánica de Ciencia, Tecnología e Innovación (LOCTI). Fue un paso decisivo en la dirección de establecer un marco institucional y legal para el funcionamiento del SNCTI. Fue un instrumento legal que contribuía a fortalecer la oferta de conocimiento, la investigación y al desarrollo en el sector académico, el desarrollo de la demanda y de visiones estratégicas del sector empresarial, y las capacidades de planificación, coordinación y estímulo, del Estado. Uno de los aspectos de la LOCTI desarrollada en 1999-2001, fue el establecimiento de inversiones y aportes que el sector empresarial debía realizar, con parte de sus beneficios anuales, para propiciar su desarrollo estratégico, estimulando así su demanda de conocimiento y tecnología al sector académico. Este principio garantizaba financiamiento para actividades de investigación, desarrollo, capacitación, fortalecimiento institucional, desarrollo de normativas, cooperación, transferencia tecnológica, patentes, sistemas de información, programas de becas, eventos científicos, postgrados, divulgación científica, creación de incubadoras y empresas de base tecnológica, redes asociativas, fondos de capitales semillas, entre muchas otras iniciativas.

Después de 2003, todo este esfuerzo de implantación de políticas y de promoción y desarrollo del SNCTI se perdió, y como consecuencia, Venezuela pasa a ocupar en 2013, el lugar número 124 del índice mundial de competitividad 2011-2012, de un total de 142 países. Venezuela está por debajo de Ecuador (101), Bolivia (103), Guyana (109), República Dominicana (110), Nicaragua (115), Uganda (121), Paraguay (122), Belice (123), apenas por encima de países como Haití (141) y Tchad (142, último lugar). Para 2013, el informe mundial de competitividad coloca a Venezuela a dos pasos más abajo que el año precedente, en la posición 126, de 144 países. [GCR 2013]. En el informe de 2014, Venezuela desciende aún más, al puesto 134 de un total de 148 países [GCR 2014].

En el estudio correspondiente el lapso 2014-15 del Foro económico mundial, (Global competitiveness report 2014-2014 [GCR 2014]) Venezuela ocupa el lugar 131, pero en esta ocasión disminuyo el número total de países a 144 en lugar de 148 para el periodo anterior. Venezuela ocupa el último lugar de los países latinoamericanos, y al incluir el Caribe, solo Haití está por debajo de Venezuela, en el lugar 137. A nivel mundial, los últimos lugares los ocupan Mauritania (141), Yemen (142), Chad (143) y Guinea (144).

5) El Estado centralizador y la Misión Ciencia

En 2003, el gobierno introdujo la estrategia de las Misiones. Fue una respuesta a la delicada situación del país, muy polarizado políticamente después del golpe de estado de 2002 y del paro petrolero.

Las misiones se plantearon como una doble respuesta urgente a los graves problemas sociales en alimentación, salud, educación, etc., y a la coyuntura política. Debían ser una estrategia a corto plazo, para lograr resultados de impacto en el largo combate contra la exclusión. Una estrategia que ponía en evidencia y denunciaba las debilidades institucionales de los ministerios y organismos gubernamentales encargados de las políticas sociales.

Pero las Misiones, que debían ser un mecanismo provisional, ideado para dar respuestas a las urgentes necesidades de la población a corto plazo (mientras supuestamente se fortalecían, reorganizaban y transformaban los ministerios para estructurar planes sostenibles a largo plazo) terminaron por establecerse y burocratizarse como una institucionalidad paralela. A tal punto, que en la reforma constitucional que fue rechazada en el referéndum del 2 de diciembre de 2010, se incluían como una estructura permanente, con rango constitucional.

Si bien al principio produjeron algunos efectos directos que beneficiaron a partes de la población, a mediano y largo plazo, las Misiones han agravado el deterioro institucional. No hay información clara, ni rendición de cuentas, ni contraloría sobre su actuación y logros. Se revelan como un caldo de cultivo para la corrupción, la improvisación y el despilfarro de recursos. Las misiones han sido desarrolladas fuera de contextos de transparencia y contraloría, es casi imposible conocer cifras reales sobre las inversiones que han manejado, y los verdaderos resultados logrados en la población.

El sector de la ciencia y la tecnología no escapó a este problema. En 2006, se inició la Misión Ciencia. Sus objetivos principales eran: "(a) Orientar la producción de conocimientos en función de la construcción del Socialismo del Siglo XXI, (b) Contribuir a la soberanía tecnológica del país, mediante el desarrollo tecnoproductivo endógeno, (c) Orientar la generación de conocimientos teniendo como criterio prioritario la utilidad social, esto es, su capacidad para resolver las necesidades de la población venezolana que contemple la apropiación colectiva del conocimiento y (d) Propiciar una revolución epistemológica como alternativa a los patrones que guían la producción del conocimiento en el sistema capitalista". A pesar de contar con una formulación y un lenguaje aparentemente innovador por su compromiso social y su fuerte contenido político ideológico, la Misión Ciencia, se basó en programas que ya existían, como el de los "clusters", que fueron denominados a continuación "redes socialistas de innovación productiva". Más allá de los cambios de nombre, de presentación, así como de la poca idoneidad de los criterios utilizados en la selección de los beneficiarios de los financiamientos, esta misión no representó ningún cambio radical, asociado, como se pretendía, a una profunda "revolución epistemológica". Y peor aún, redujo las capacidades institucionales y los logros de programas que se venían realizando con un cierto éxito, con lo que los resultados han sido profundamente negativos en el desarrollo del SNCTI.

Entre 2006 y 2007 se destinaron aproximadamente 688 millones de US$ a la ejecución de la Misión Ciencia. En el año 2008 no se asignaron recursos. En principio, la Misión Ciencia se anunció con una duración de cinco años. Su culminación estaba prevista para el 2011. Pero, como con otros programas gubernamentales que parecen desvanecerse con el paso del tiempo, no se consigue información oficial acerca de lo sucedido con la Misión Ciencia entre los años 2009 y 2011. Ningún resultado o informe del impacto, o al menos de interés para el país y el conocimiento, de los programas iniciados en 2006, ha sido divulgado al público.

6) Debilitamiento institucional, destrucción institucional.

A partir de 2003 se ha venido dando un proceso de debilitamiento de muchas áreas de la ya débil institucionalidad pública.

En el período inicial del MCT (1991-2001) se hizo un gran esfuerzo por crear una institucionalidad adecuada. Para el 2001 se contaba con un nuevo marco legal, que incluía la Ley Orgánica de Ciencia y Tecnología, la Ley de Firmas y Mensajes de Datos Electrónicos, el Decreto 825 sobre la importancia de Internet, entre otras, que permitían e impulsaban el desarrollo a mediano plazo de un sistema nacional de ciencia, tecnología e innovación y se estimulaba el uso y aprovechamiento de las tecnologías de información. Con grandes esfuerzos de consulta para lograr una visión consensuada, se establecieron las políticas y lineamientos que hicieron posible el establecimiento del plan nacional de ciencia, tecnología e innovación, el plan nacional de prospección, el plan nacional de tecnologías de información, y la creación de instituciones como el Fonacit, el Centro Nacional de Tecnologías de Información, la superintendencia de firmas digitales, el Fondo de investigación y desarrollo en Telecomunicaciones, entre otras. A partir de 2003, estos esfuerzos fueron transformados en función de una intencionalidad política, y muchos de ellos fueron abandonados.

En relación con el rol institucional de generación de consenso y aprovechamiento de los potenciales del país, con base en el Plan nacional de Prospección, se impulsaron ejercicios de prospección en los sectores de la industria química, petróleo, yuca, TIC, electrónica y metalmecánica, que fueron eliminados. También fueron eliminados los programas de Fortalecimiento de la gestión regional, que capacitaban a las municipalidades para presentar proyectos al FIDES y LAEE, que impulsaban el desarrollo y apropiación social del conocimiento.

Los programas de Agendas, que se lanzaron a inicios de 2000 (varios de los cuales tenían tradición previa en el CONICIT), para finales de 2001 tenían proyectos y logros importantes en las áreas de vivienda, gestión de riesgos y prevención de desastres, agroalimentación (arroz y cacao principalmente), tecnologías de información y comunicación, biotecnología, energía (petróleo, gas y energías alternativas), salud pública, educación, ambiente y biodiversidad, innovación popular, paz y ciudadanía y ciencia y arte. Todos estos programas de agendas fueron suspendidos y en la actualidad no existen y sus mecanismos de definición de convocatorias con los actores tanto del sector de investigación como del sector productivo, fueron eliminados.

El programa de clusters, cuyo objetivo fue el de apoyar pymes, mediante la incorporación y desarrollo del conocimiento, con la procura de fortalecer sus capacidades productivas y de asociación, fue suspendido. Ese programa incluyó 23 proyectos en las áreas: lácteos, bovinos y caprinos, cocoteros, quesos, melón, sábila, café, agroplasticultura, frutícola, ambiente, apícola, metrología, cacao, metalmecánica, frutales, muebles y madera, patos, horticultura, aserraderos, yuca.

En la actualidad no hay un calendario de convocatorias para proyectos de investigación y desarrollo. Tampoco hay posibilidad de encontrar información oficial completa relativa a los montos de financiamiento, programas vigentes, evolución e impacto de los mismos. Por ejemplo, existen muchos rumores relativos al proyecto del satélite Simón Bolívar, los cuales no pueden ser disipados dada la ausencia de información. Lo mismo ocurre con el funcionamiento de Fidetel, Oncti, Fonacit, Sidcai, etc.

En relación con el desarrollo de pymes y del sector productivo, la política de expropiaciones, el directo enfrentamiento a las iniciativas productivas privadas, el complejo entramado legal actual, las dificultades para cumplir con los requisitos institucionales cada vez más complicados, las amenazas directas, y las dificultades y complicaciones para la cancelación de deudas por parte del gobierno, limitan y hasta impiden el éxito de iniciativas productivas. Estas iniciativas son de gran importancia para el desarrollo de capacidades nacionales, generación de empleos, así como para evitar la salida de divisas mediante la compra de productos e insumos y hasta generar exportaciones. El desmantelamiento del aparato productivo, dentro de la visión de avance del socialismo, hace imposible la generación de la sinergia academia-empresa-gobierno, necesaria para la incorporación del conocimiento y el surgimiento de la innovación en el crecimiento productivo necesario para el desarrollo nacional.

En relación con el sector académico, la problemática nacional de desarrollo del conocimiento se ha visto complicada en la última década. A partir de 2004, el gobierno ha hecho esfuerzos por crear condiciones de acceso a la formación y al conocimiento a muchas más personas. Ese es un noble e importante objetivo, pero los mecanismos empleados, dejan de lado elementos fundamentales de calidad y de esfuerzo personal en el logro de la formación; además, muchas condiciones necesarias para poder llevar adelante las actividades de investigación y desarrollo, no se cumplen. Abundan los ejemplos en ese sentido, y mencionaremos algunos.

Los actores principales en el proceso de generación del conocimiento, son los profesores e investigadores, así como los estudiantes, de las universidades nacionales y de los institutos de investigación. A pesar de que la carrera del profesor universitario existe desde hace varias décadas en leyes y reglamentos, y que la LOCTI de 2001, proporcionaba las bases para crear la carrera del investigador, estas carreras de profesores y de investigadores, no se corresponden con una aspiración de los jóvenes profesionales, objetivo deseable en una sociedad del conocimiento.

A partir de mediados de 2002 (después de abril de 2002), la situación fue cambiando, y progresivamente, el Estado procedió a concentrar el poder y a centralizar la toma de decisiones, no tomando en cuenta a los actores, tanto del sector productivo, como del sector académico y de investigación. La exclusión de los actores en las acciones de gobierno hacia el sector académico, ha traído consecuencias negativas para el país; como ejemplo, numerosos concursos de oposición realizados en las universidades nacionales, resultan desiertos. Para los posibles futuros investigadores y miembros de la Academia, las bajas condiciones de pago, las dificultades para el desarrollo de la carrera como profesor o como investigador, las deficientes condiciones de seguridad social, las barreras para obtener financiamientos para la investigación, el mal estado, u obsolescencia de instalaciones y equipos, la dinámica política nacional (que impone requerimientos políticos alejados de la realidad de la investigación), son obstáculos que dificultan el desarrollo profesional. La vida en las principales casas de estudio del país, se hace cada vez más arriesgada, no solamente por la presencia cada vez más temible del hampa, sino por la existencia de bandas dedicadas a la agresión y al hostigamiento (que utilizan bombas lacrimógenas, motocicletas, armas, y tienen importantes fuentes de financiamiento no identificadas); estas agresiones van asociadas a la actividad política que desarrollan grupos minoritarios, que no logran alcanzar el reconocimiento de las comunidades. Sumemos a esto la salida de jóvenes talentosos que buscan oportunidades en otros países, lo cual incluye a profesores universitarios que salen de sabático a realizar investigaciones o postgrados, y no regresan.

Se reconoce la importancia de abrir nuevas ofertas de educación superior a los jóvenes, y los esfuerzos que en ese sentido se promueven al crear nuevas universidades. Desafortunadamente, estos programas han sido emprendidos sin contar con planes de formación de profesores, de actividades de investigación y desarrollo, ni cooperación con universidades nacionales e internacionales; con lo que el apurado crecimiento de la matrícula, no garantiza una adecuada formación. En la creación de estas nuevas instituciones, no han sido tomadas en cuenta las demandas del país ni las oportunidades de desarrollo, por lo que muchos de sus egresados no logran emprender una carrera profesional con porvenir, ni consiguen empleo.

Además de aspectos relacionados con la falta de planificación y ausencia de mecanismos que garanticen la calidad y el nivel educativo de la enseñanza, para hacer de los egresados unos profesionales exitosos, se presentan numerosas irregularidades que van asociadas con el esfuerzo político del gobierno, y que confunden los objetivos de la educación con la lucha por el poder como prioridad. Como ejemplo, en varias universidades experimentales y entre las creadas en la última década, se exige a los estudiantes participación en actividades políticas; en la Misión Sucre, en buena parte de los cursos se realizan actividades proselitistas y de trabajo político, en el proceso de formación.

Por otro lado, los postgrados de medicina cuentan actualmente con muy baja matrícula, algunos inclusive no cuentan con estudiantes, siendo que hasta hace tres lustros, el ingreso a los postgrados de medicina era muy competitivo. Al analizar la situación, se observa que muchos estudiantes, al culminar sus estudios de pregrado, se dirigen al extranjero, buscando mejores oportunidades de trabajo y de desarrollo de sus proyectos profesionales y familiares. Los sueldos de los médicos que prestan servicios en los hospitales, son muy bajos, mientras que los egresados de la carrera de Medicina Integral Comunitaria (con una formación mucho menos exigente, menos horas de clases y menos horas de prácticas médicas), reciben mejores pagos.

En la Educación Media, muchos estudiantes obtienen el título de bachiller, sin haber cubierto todos los contenidos establecidos en los programas de estudio. Esto ocurre frecuentemente en materias como matemática, física y química; la razón generalmente esgrimida es la ausencia de profesores. Esto refleja ausencia de planificación y organización en políticas públicas educativas, y trae consecuencias en la formación universitaria de los jóvenes, y en el desarrollo de carreras profesionales y de investigadores.

Estos problemas se agravan con la implementación de las misiones educativas, las cuales, si bien dan oportunidades de educación a muchos estudiantes, reducen significativamente las horas de formación y los niveles de calidad y exigencia.

Otro caso de interés es el de Intevep, destacado centro de investigación, que generaba patentes tanto nacionales como internacionales, y fue desmantelado como consecuencia de la huelga petrolera de 2003, dejando de prestar servicios de investigación de alto nivel al país.

Resalta el problema de los criterios para las asignaciones de becas dentro de los programas de cooperación internacional. Actualmente presentan requisitos alejados de la formación científica; un ejemplo de ello es que a los estudiantes que optan a becas de postgrado en áreas científicas, del programa de la DAAD (cooperación alemana), son interrogados sobre su conocimiento del nombre y alcance de las misiones del gobierno nacional, así como de funcionarios e instituciones del gobierno.

Problemas de inclusión de requisitos que tienen más que ver con un proyecto político-ideológico del gobierno que con el campo de investigación y desarrollo, se observan también en la asignación de recursos para el financiamiento de proyectos científicos y tecnológicos.

Tal vez el peor momento de debilitamiento institucional y pérdida de perspectiva sobre el desarrollo del SNCTI, se dio cuando el ejecutivo decidió transformar radicalmente la LOCTI y sus principios formulados y aprobados en 2001. La transformación realizada en 2010, equivale a su eliminación, como instrumento constructor y estimulador de la participación, en la construcción del SNCTI.

En 2014 se ha dado otro paso en la destrucción de la institucionalidad de ciencia y tecnología, que fue la unificación con el ministerio de educación universitaria, lo cual rebaja al Ministerio de Ciencia y Tecnología, al rango de viceministerio, y hace que los recursos que deben ser destinados a la investigación, desarrollo e innovación, deban ahora compartirse con los presupuestos requeridos para la Educación Superior, lo cual, debilita significativamente la posibilidad de realizar actividades en ciencia y tecnología. En Noviembre de 2014 aparece otra acción del gobierno destinada a la destrucción de la investigación y el conocimiento, como es la reforma del IVIC, la cual produce un profundo impacto negativo en una de las mas destacadas instituciones de investigación del país.

Otro tema que muestra la destrucción de la institucionalidad es la irracionalidad y la discrecionalidad asociada a los controles de cambio. Hay un dólar preferencial de valor 6.30bs/dólar, otro de valor aproximado 11.bs/$ y luego el cambio paralelo, el cual, al momento de terminar de escribir este trabajo, está en 125bs/US$. El control de cambio impone controles para la compra de insumos en un país en el que no se está produciendo ya casi nada. Por otro lado, se hace imposible repatriar al menos parte de las ganancias que pudieran producir inversiones extranjeras en el país. La irracionalidad de un control de cambio con una diferencia de 20 veces entre el valor oficial y el cambio paralelo, abre camino entre otros males, a la corrupción, y hace imposible llevar adelante un programa de desarrollo económico e innovación.

El debilitamiento institucional no está presente solamente en el aérea de Ciencia y Tecnología. Todos los sectores del país presentan una severa crisis. Como consecuencia, muchos indicadores colocan a Venezuela al final de la cola en materia de deterioro institucional. Un ejemplo es el índice de prosperidad (http://www.prosperity.com), que basa sus análisis en criterios de riqueza y de bienestar, y describe a Venezuela como un país en proceso de deterioro. El índice de prosperidad está basado en el estudio comparativo de seis variables:

- **Emprendimiento y oportunidad** (Mobility and opportunity bring prosperity http://www.prosperity.com/pdfs/principles-of-prosperity-entrpreneurship-opportunity.pdf [LEG 2014])
- **Educación** (Education for democracy and prosperity: http://www. prosperity.com/pdfs/principles-of-prosperity-education.pdf [LEG 2014])
- **Salud** (Health matters: spend more but spend well: http://www. prosperity.com/pdfs/principles-of-prosperity-health.pdf [LEG 2014]
- **Seguridad** (the Gender fear gap: http://www.prosperity.com/pdfs/ principles-of-prosperity-safety-security.pdf [LEG 2014])
- **Libertad personal:** esta variable incluye evaluaciones de libertad económica, libertad de escoger y tolerancia. La libertad se define como una base para la prosperidad (Freedom: a foundation for prosperity: http://www.prosperity.com/pdfs/principles-of-prosperity-personal-freedom.pdf [LEG 2014])
- **Capital social:** los países que tienen mayores niveles de integración familiar, apoyo a la caridad y altos niveles de confianza, son los más prósperos. Un país totalmente polarizado como Venezuela, en el cual los líderes políticos del gobierno tienen como práctica cotidiana la amenaza, el insulto y la descalificación de los que piensan de manera diferente, se destruye la confianza y los vínculos entre ciudadanos, es un país que no tiene altos valores de capital social, no marcha en la senda de la prosperidad. (Values matter for prosperity: http://www. prosperity.com/pdfs/principles-of-prosperity-social-capital.pdf [LEG 2014])

De un total de 142 países, Venezuela ha involucionado de la siguiente manera, en los últimos 5 años:
- 2010 posición 75
- 2011 posición 73
- 2012 posición 80

- 2013 posición 78
- 2014 posición 100

Para el año 2014, en la perspectiva del estudio del índice de prosperidad, Venezuela sólo supera a dos países latinoamericanos y del Caribe: Honduras y Haití. En las variables de seguridad personal, Venezuela ocupa el puesto 116 y en gobernabilidad el 134.

De manera similar, otros índices colocan a Venezuela en una situación francamente desventajosa y con deterioro progresivo. Ya se mencionó en la sección 3 la lamentable posición que ocupa Venezuela en el estudio del índice de competitividad.

Venezuela ocupa en 2012, el lugar número 124 del índice mundial de competitividad, de un total de 142 países; así está por debajo de Ecuador (101), Bolivia (103), Guyana (109), República Dominicana (110), Nicaragua (115), Uganda (121), Paraguay (122), Belice (123), apenas por encima de Haití (141) y Tchad (142, último lugar).

Para 2013, el informe mundial de competitividad coloca a Venezuela a dos pasos más abajo que el año precedente, en la posición 126, de 144 países. [GCR 2013]. En el informe de 2014, Venezuela desciende aún más, al puesto 134 de un total de 148 países [GCR 2014-a-].

En el estudio correspondiente el lapso 2014-15 del Foro económico mundial, (Global competitiveness report 2014-2014 [GCR 2014-b-]) Venezuela ocupa el lugar 131, pero en esta ocasión disminuyó el número total de países a 144 en lugar de 148 para el periodo anterior. Venezuela ocupa el último lugar de los países latinoamericanos, y al incluir el Caribe, sólo Haití está por debajo de Venezuela, en el lugar 137. A nivel mundial, los últimos lugares los ocupan Mauritania (141), Yemen (142), Chad (143) y Guinea (144).

La situación de Venezuela, discriminada en los distintos componentes del índice, es preocupante; en relación con el aspecto institucional, Venezuela ocupa el último lugar del mundo, el 144. Algunas de las componentes del indicador, para 2014-15, son las siguientes: [GCR 2014-b-]

Las posiciones de los países latinoamericanos en el índice son:

País	Índice global competitividad	Instituciones	Educación Superior	Mercado laboral	Preparación tecnológica	Innovación	Disponibilidad de científicos e ingenieros
Chile	33	33	32	50	42	48	29
Panamá	48	71	66	87	53	40	84
Costa Rica	51	46	37	57	40	34	25
Barbados	55	33	30	31	35	47	66
Brasil	57	94	41	109	58	62	114
Perú	65	118	83	51	92	117	113
Colombia	66	111	69	84	68	77	85
Argentina	104	137	45	143	82	97	86
Bolivia	105	90	97	127	118	83	94
Venezuela	131	144	70	144	106	137	118
Haití	137	135	109	77	134	140	138

Los estudios realizados por el foro económico mundial indican que la región latinoamericana requiere de mayores inversiones en infraestructura, capacitación y desarrollo de capacidades y talento humano e innovación. Asimismo, indica la necesidad de hacer reformas para facilitar las condiciones de inversión y crecimiento de negocios. Estas dos mayores limitaciones inciden en las dificultades que ha tenido la región como un todo, para moverse hacia sectores de mayor producción y mayores niveles de competitividad, y ocupar un mejor lugar a nivel mundial.

En el caso particular de Venezuela, los indicadores muestran que el país se mantiene en un proceso de descenso, de empeoramiento, con una profunda crisis institucional (con el peor nivel de todos los 144 países analizados, en posición 144) y macroeconómica (puesto 139). La inestabilidad política y macroeconómica está marcada por altos niveles de inflación, deuda pública, corrupción, e ineficiencia del estado, además de ausencia de independencia de poderes, en particular el poder judicial, el cual tiene una clara tendencia a favorecer a los funcionarios públicos en sus decisiones, no garantizando el correcto ejercicio de la justicia. Estas condiciones quedan evidenciadas en los indicadores de independencia del poder judicial (144) y favoritismo en decisiones judiciales a favor de oficiales del gobierno 144. Adicionalmente, es importante sumar el problema de la inseguridad y criminalidad: costos del crimen y la violencia en los negocios 144, crimen organizado 141 y confianza en los cuerpos policiales 144.

La situación actual de Venezuela es reconocida mundialmente como crítica y en franco deterioro, en particular en el aspecto institucional. Es imposible hablar de desarrollo y de innovación en el estado de la economía y de la polarización actual de Venezuela, pero justamente por eso, escribimos estas notas, para no olvidar hacia dónde debemos dirigirnos.

7) LOCTI 2001 y SNCTI.

Con la finalidad de establecer lineamientos que permitieran estimular desde sus insuficientes bases institucionales y de capital social y de conocimiento, el desarrollo de un SNI, que reconociera además y de manera clara, la importancia de la generación y desarrollo del conocimiento en las instituciones de investigación y de Educación Superior, se decidió muy a los inicios del año 2000, crear una ley que fundara institucionalmente el Sistema Nacional de Ciencia, Tecnología e Innovación (SNCTI). Ese instrumento legal fue desarrollado en 2000, se le dio el nombre de Ley Orgánica de Ciencia, Tecnología e Innovación (LOCTI), y fue aprobado con la ley habilitante de 2001 [GEN 2007]. Fue aprobado luego de una extensa consulta mediante encuentros con los sectores académicos, empresariales y productivos.

Los principales elementos incluidos en la LOCTI-2001 son:

- Plan Nacional de Ciencia, Tecnología e Innovación
- Órgano rector del Plan Nacional de Ciencia, Tecnología e Innovación
- Propiedad Intelectual
- Observatorio Nacional de Ciencia, Tecnología e Innovación
- Consejo Asesor en CTI
- Aportes e inversiones en actividad científica, tecnológica y de innovación
- Promoción regional de actividades de CTI
- Formación del talento humano
- Carrera nacional del investigador
- Creación del Fondo Nacional de Ciencia, Tecnología e Innovación

La LOCTI estableció que las empresas debían aportar y/o invertir un 0,5% (u otros valores dependiendo del ámbito de actividad) de sus ingresos en actividades de CTI. Esto permitía fortalecer una visión estratégica desde las empresas, que establecía una demanda de conocimiento y de actividades de desarrollo científico y tecnológico a las universidades y centros de investigación. Las empresas debían invertir el monto correspondiente en actividades significativas, estratégicas, que acrecentaran sus capacidades y conocimiento, y podían también aportar a instituciones que impulsaran el desarrollo y la apropiación social del conocimiento [GEN 2007].

La LOCTI fue modificada en la Asamblea Nacional en 2005 (de hecho fueron pocas las modificaciones introducidas) y su reglamento fue finalizado y aprobado en 2006, con lo que entró en operatividad a finales de 2006. Entre las modificaciones introducidas en 2005, se encuentra la eliminación de incentivos fiscales, y otros, que estaban previstos en la ley de 2001.

Con la aprobación y puesta en funcionamiento de la LOCTI, los aportes e inversiones económicas que se dirigieron al SNCTI, significaban un importante estímulo para el desarrollo y apropiación social del conocimiento, y para las actividades de innovación productiva y desarrollo estratégico empresarial (en fin, actividades en CTI), y permitían que Venezuela pasara de inversiones en CTI que variaban del 0,15 al 0,30% del PIB, a un importante 2 a 3% del PIB.

Las medidas de fortalecimiento del SNCTI, y los aportes e inversiones que la LOCTI estableció, inyectaron un significativo estímulo a las capacidades de desarrollo del país, las cuales debían ser guiadas y supervisadas por el órgano rector, el Ministerio de Ciencia y Tecnología, pero tendrían su origen en la demanda de conocimiento y de desarrollo de las empresas, motores del desarrollo productivo.

Los aportes y/o inversiones quedaron establecidos como sigue:

Rama de actividad	Monto del aporte (% de ingresos brutos)
Actividades previstas en la Ley para el Control de los Casinos , Salas de Bingo y Máquinas Traganíqueles, y todas aquellas vinculadas con la industria y el comercio de alcohol etílico, especies alcohólicas y tabaco.	2%
Actividades realizadas previstas en la las Leyes Orgánicas de Hidrocarburos e Hidrocarburos Gaseosos y comprenda la explotación minera, su procesamiento y distribución, realizadas por empresas de capital privado.	1%
Actividades realizadas previstas en la las Leyes Orgánicas de Hidrocarburos e Hidrocarburos Gaseosos y comprenda la explotación minera, su procesamiento y distribución, realizadas por empresas de capital público.	0,5%
Otras actividades distintas a las señaladas anteriormente.	0,5%

Cuadro 1: aportes/inversiones por sector

Los montos asociados a esos aportes, para los años 2006 y 2007, fueron publicados por el Observatorio Nacional de Ciencia, Tecnología e Innovación:

Bs	Bs F.	US$	Euros
5.392.477.939.700	5.392.477.939,70	2.508.129.274,28	1.628.655.372,91

Nota: Tasa de cambio según BCV: 1US$ Dólar Americano=2.150 Bs.; 1 EURO=1,54 US$.
Fuente: SIDCAI – ONCTI

Cuadro 2. Inversiones y aportes LOCTI en 2006. *http://www.oncti.gob.ve/pdf/SIDCAI_2006.pdf*

1. Empresas de hidrocarburos	2. Otros sectores productivos	3. Actividad minera y eléctrica
Bs. 2.942.306.649.187,91 ó	Bs. 1.746.791.867.478,68 ó	Bs. 703.379.423.034,09 ó
Bs.F. 2.942.306.649,19 ó	Bs.F. 1.746.791.867,48 ó	Bs.F. 703.379.423.034,09 ó
US$ 1.368.514.720,55 ó	US$ 812.461.333,71 ó	US$ 327.153.220,02ó
Euros 888.645.922,44 ó	Euros 527.572.294,62 ó	Euros 212.437.155,85 ó
54,56%	32,39%	13,04%

Cuadro 3. Inversiones y aportes LOCTI en 2006 por sector. *http://www.oncti.gob.ve/pdf/SIDCAI_2006.pdf*

Bs	Bs F.	US$	Euros
10.337.830.153.811,70	10.337.830.153,81	4.808.293.094,80	3.122.268.243,37

Cuadro 4. Inversiones y aportes LOCTI en 2007. *http://www.oncti.gob.ve/pdf/SIDCAI_2007.pdf*

1. Otros sectores productivos	2. Empresas de hidrocarburos	3. Actividad minera y eléctrica
Bs. 6.337.627.052.423,56 ó	Bs. 3.503.265.474.363,94 ó	Bs. 496.937.627.024,23 ó
Bs.F. 6.337.627.052,42 ó	Bs.F. 3.503.265.474,36 ó	Bs.F. 496.937.627,02 ó
US$ 2.947.733.512,76 ó	US$ 1.629.425.802,03 ó	US$ 231.133.780,01 ó
Euros 1.914.112.670,62 ó	Euros 1.058.068.702,62 ó	Euros 150.086.870,14 ó
61,31%	33,89%	4,81%

Cuadro 5. Inversiones y aportes LOCTI 2007 por sector. *http://www.oncti.gob.ve/pdf/SIDCAI_2007.pdf*

No se dispone de información posterior, ya que no ha sido publicada por el MCT ni por ninguno de sus organismos adscritos. Esta es otra característica de la administración que gobierna el país, no se publican datos que permitan conocer la realidad nacional, con lo que, una vez más, se violan los principios establecidos en la Constitución vigente.

Nota: *los cuadros han sido tomados de la referencia: Fernández, Fernando "Marco Jurídico de los hidrocarburos y las inversiones y aportes empresariales en ciencia, tecnología e innovación", de la publicación: Impacto de la legislación en la industria del gas natural en Venezuela". Una publicación de la Asociación venezolana de procesadores de gas (AVPG), Caracas, Noviembre 2009 (ISBN-978-980-6892-02-6) [FER 2009]*

8) Reforma de la LOCTI de 2010

El desarrollo del SNCTI, en los planteamientos del periodo 1999-2002, se basaba en el fortalecimiento de la demanda de conocimiento por parte del sector productivo, en el fortalecimiento de la oferta de conocimiento desde el sector académico (de conocimiento y de investigación), y en el fortalecimiento de las casi inexistentes relaciones de cooperación entre los dos sectores. La LOCTI, en su versión original, sorprendió a estos sectores, ya que se vieron inmediatamente involucrados en la dinámica promotora y estimuladora de la LOCTI, indispensable para desarrollar un SNCTI. El rol del gobierno en esta dinámica es principalmente promotor, es el de liderar, motivar sinergias y actividades conjuntas empresa-academia, y el de controlar violaciones a la ley. Los actores principales son las instituciones y miembros de los sectores productivo y académico.

Esta visión de desarrollo no pudo ser tolerada por el gobierno, y en 2010 procedió a modificar la LOCTI, obligando a que todas las inversiones y aportes del sector productivo, debían transformarse en su totalidad, en aportes al Fondo Nacional de Ciencia, Tecnología e Innovación. Esto convirtió los aportes en un simple tributo más, y eliminó el estímulo a la innovación del sector productivo. Con la reforma del 2010, es el gobierno el que decide en qué proyectos invertir, y en esa selección aplica criterios alejados de la dinámica productiva, ya que son regidos por los principios de desarrollo del socialismo, en la manera en que es entendido por los funcionarios gubernamentales. No son la calidad del proyecto, los resultados previos del equipo de investigadores, la pertinencia de la investigación, ni el estímulo a las capacidades productivas, los criterios principales con los que se asignan los recursos.

De esta manera, se ha desperdiciado un esfuerzo significativo de estímulo a la construcción y desarrollo de un SNCTI, sistema orientado al desarrollo productivo nacional y al desarrollo y apropiación social del conocimiento. Será difícil poder retomar un camino de confianza, motivación y de inversiones conjuntas, que permita que el sector productivo decida retomar una visión estratégica que tome a la innovación como uno de sus ejes principales de desarrollo.

A pesar de estar presente con frecuencia en la boca de gobernantes, la palabra "innovación" ha perdido su significado en Venezuela, en la medida en que se ha desmantelado el aparato productivo, y en la medida en que se ha destruido el entusiasmo que con mucho esfuerzo, se logró que el sector productivo aceptara como estratégico, para su propio desarrollo y el del país, en el momento inicial en el que se creó la LOCTI en 2001. Hablar hoy de LOCTI y de contribuciones que el sector productivo debe aportar para la innovación en Venezuela, no es más que hablar de pagos que el sector productivo debe hacer de manera obligada al gobierno, sin que esos pagos aporten ningún tipo de conocimiento, bien o servicio para el desarrollo productivo nacional. Rescatar esa confianza y ese entusiasmo será sumamente difícil.

9) SNCTI: dificultades y propuestas

Como ha sido mencionado en este trabajo, la situación política venezolana presente, y la propuesta institucional resultante de su acción, constituye un obstáculo para el desarrollo del país. Más aún, el país se encuentra en un profundo proceso de destrucción institucional, social y económica, que hace casi imposible convocar las voluntades y esfuerzos a construir visiones comunes que permitan colocar el conocimiento en el sitial fundamental que se requiere para impulsar el desarrollo.

Esto impide tanto el desarrollo de capacidades productivas como el de las actividades de generación de conocimiento, que puedan impulsar un SNCTI que procure una sociedad más próspera, que contemple también un fuerte compromiso de justicia social y mejor repartición de las riquezas, con mayores oportunidades y libertad.

Más allá de esa situación, los sistemas de ciencia, tecnología e innovación de Latinoamérica, presentan dificultades típicas. A continuación se mencionan algunas de ellas, así como soluciones posibles para Venezuela, siendo que varias de ellas ya fueron implementadas en algún momento, y pueden ser retomadas:

- **Discontinuidad en la definición y aplicación de políticas**
  Respuesta:
  - Establecimiento de programas de prospección científica y tecnológica. Desarrollo de un Plan Nacional de prospección.
  - Realización de análisis de fortalezas, oportunidades, debilidades, amenazas (FODA) con los principales actores nacionales
  - Trabajo conjunto y consensuado con el fin de identificar y desarrollar áreas con ventajas comparativas, que logren ser competitivas y de crecimiento estable en el país y organicen a los principales actores productivos, académicos y gubernamentales y los asocien con los principales ejes de desarrollo por sector.
  - Establecimiento de planes nacionales de CTI que se basen en los estudios de prospección y definan objetivos nacionales a mediano y largo plazo.

- **Inexistencia de indicadores de desempeño**
  Respuesta:
  - Creación y fortalecimiento del Observatorio Nacional de CyT, y dotarlo de instrumentos de análisis y seguimiento de los resultados
  - Publicación y transparencia de los indicadores de gestión.

- **Debilidad en la evaluación y seguimiento de la gestión en CyT**
  Respuesta:
  - Creación y desarrollo de la dirección general de evaluación (evalúa desempeño de instituciones y ajusta planes institucionales) y del Observatorio Nacional de CyT.
  - Creación y fortalecimiento de sistemas de Indicadores

- **Esfuerzos individuales, aislados y poco eficaces en actividades de investigación, desarrollo y de promoción de la innovación**
  Respuesta:
  - Articulación en agendas por convocatoria pública y amplia participación de los sectores académico, empresarial y gobierno.
  - Fortalecimiento de la demanda de conocimiento y de tecnología a nivel nacional (de los sectores gubernamental, académico, empresarial), mediante el desarrollo de las visiones estratégicas, tal y como lo impulsaba la LOCTI 2001.
  - Programas de estímulo a la participación conjunta de instituciones en red para postgrados, gestión, investigación, innovación industrial
  - Organización de la articulación de redes institucionales como una de las prioridades de acción gubernamental

- **Insuficiencia de recursos asignados al esfuerzo nacional en este campo**
  Respuestas:
  - En la mayoría de los países de América Latina, los recursos destinados a las actividades de CyT son insuficientes; la definición de los montos asignados por vías presupuestaria en esta, área tiene que sortear las necesidades siempre críticas de

otros sectores del gobierno: salud, vivienda, y hasta educación. Esta es la razón fundamental por la cual la mayoría de los países en vías de desarrollo no disponen de recursos suficientes para el desarrollo de actividades de CyT. Esa fue la situación de Venezuela hasta la aprobación de la LOCTI de 2001 y su implementación, con algunas modificaciones, en 2006. A partir de ese momento, un monto importante de recursos fue destinado, mediante participación del sector privado, a las actividades de CTI, pero a partir de la segunda modificación de la LOCTI de 2010, todos los recursos han sido absorbidos por el Estado y destinados, en su mayoría, a actividades distintas a las necesarias para el desarrollo del SNCTI.

- Actualmente, a pesar de la inmensa cantidad de recursos que genera la LOCTI provenientes del sector privado, estos son represados en el FONACIT, y son asignados siguiendo un esquema que contempla principalmente elementos políticos e ideológicos, alejados de la innovación y lejos del objetivo de inserción en la Sociedad del Conocimiento. Varias de las acciones que deben ser tomadas en Venezuela, a fin de asegurar financiamientos adecuados que permitan relanzar actividades de CyT, incluyen las que se comentan a continuación.

- Es necesario relanzar la LOCTI 2001, con el sentido de fortalecer la visión estratégica del sector productivo, la cual fortalece la demanda de conocimiento y tecnología y activa la oferta de investigación y desarrollo en las universidades y el sector académico. De esta manera se activa la circulación de recursos, y crea una dinámica de desarrollo y aplicación del conocimiento.

- Acceso planificado a financiamiento multilateral (BID, CAF y Banco Mundial)

- Reorientación de los procesos de financiamiento del Fondo Nacional de Ciencia, Tecnología e Innovación (Fonacit), así como de sus mecanismos de definición, convocatoria y evaluación.

- Activación y reorientación del Fondo de Investigación y Desarrollo en Telecomunicaciones (Fidetel)

- Inclusión en la Constitución Nacional de Fondos Parafiscales en Agricultura

- Inclusión de CyT como área prioritaria a ser financiada por descentralización

- **Desvinculación con las necesidades del país**
  Respuesta:
  - Definición de áreas prioritarias
  - Plan Nacional de prospección
  - Fortalecimiento de la demanda y de las capacidades asociativas
  - Definición, con la participación de los actores productivos y académicos, de planes de desarrollo estratégico y productivo por regiones y por renglones, que sean apoyados con actividades de CyT.

- **Falta de visibilidad del sector científico**
  Respuesta:
  - Políticas de divulgación.
  - Impulso al sector de Tecnologías de Información: portales, incremento del acceso, desarrollo de contenidos, difusión popular.
  - Programas juveniles de ciencia
  - Laboratorios y centros de ciencias en liceos
  - Impulso de difusión por medio de redes sociales
  - Divulgación por televisión y otros medios
  - Motivación a la participación mediante políticas para sectores prioritarios de necesidad nacional

- **Baja incorporación y baja promoción fuera del sector científico**
  Respuesta:
  - Programas de democratización de la CyT
  - Relanzamiento y fortalecimiento de Infocentros
  - Agendas para definición conjunta de áreas y perfiles
  - Foros y convocatorias públicas para definición de políticas
  - Clusters
  - Apoyo a la solución de problemas nacionales
  - Programas de Tecnología Popular
  - Promoción del uso de la CyT en el sector productivo.

- Programas de gobierno electrónico y economía digital
- Difusión de las Tecnologías de Información a nivel social

- **Debate estéril entre "ciencia básica" y "ciencia aplicada"**
  Respuesta:
  - Prioridad a la "ciencia útil" asociada a los planes de desarrollo y programas de prospección
  - Reconocimiento a la interdependencia de saberes y formación del talento humano, manteniendo 30% de los recursos destinados a programas y proyectos en el área de ciencias básicas, basados en la calidad de las propuestas científicas

- **Desequilibrios entre la oferta y la demanda de CyT (la oferta no se corresponde con demandas, y hay debilidad tanto en la demanda como en la oferta)**
  Respuesta:
  - Activación de la demanda y atención a las Pymes:
  - Agendas,
  - Convocatoria a resolver problemas específicos
  - Fondos de desarrollo tecnológico,
  - Programas de formación de innovadores y modernizadores empresariales,
  - Programas de Inserción de Innovadores nóveles Industriales",
  - Programas de Becas Industriales
  - Retomar LOCTI 2001

- **Concentración geográfica del esfuerzo en CyT en la región capital, debilidad en la demanda de conocimiento de los gobiernos locales y desconocimiento del sector CyT**
  Respuesta:
  - Definición e implementación de talleres de fortalecimiento de la gestión regional
  - Refuerzo de la acción de fundaciones regionales para CyT
  - Asignación de recursos para CyT a través de fondos regionales y locales para la descentralización.
  - Fomento de los fondos estatales de CyT, y de leyes estatales de CyT.

- **Debilidad de gestión del sector público (central y local)**
  Respuesta:
  - Gobierno electrónico
  - Escuela de Gerencia e Innovación Social para funcionarios públicos
  - Agendas: participación el sector gobierno por áreas

- **Base insuficiente de recursos humanos calificados**
  Respuesta:
  - Política de becas y fortalecimiento de postgrados
  - Incremento de programas de becas nacionales e internacionales,
  - Establecimiento de postgrados en Red de instituciones,
  - Fortalecimiento de convenios internacionales para formación,
  - Programas de beca "sandwich",
  - Programa de becas Gran Mariscal de Ayacucho.
  - Sistema hemisférico de intercambio de postgrado,
  - Fortalecimiento del programa de Promoción del Investigador.
  - Programas de formación para técnicos.
  - Creación y establecimiento del programa para la innovación en tecnología popular.
  - Redes de venezolanos en el exterior.
  - Programas de apertura de oportunidades para talento que ha salido del país, para que regrese.

- **Poca colaboración entre países de América Latina y dependencia de los países desarrollados**
  Respuesta:
  - Creación o intensificación de la cooperación binacional y multinacional con numerosos países de la región.
  - Activación de convenios dentro del Mercosur y retomar programas de cooperación que se han iniciado en el marco del Consejo Andino de C y T
  - Promoción de redes de cooperación científica con países de la región, que fortalezcan centros pilotos en áreas de conocimiento, y promuevan cooperación e integración de postgrados, y articulen intercambio y cooperación con centros de la Unión

Europea. Promover en asociación con agencias de cooperación internacional y multilaterales.
- Financiamiento multilateral (BID y Banco Mundial)

- **Insuficiencia del marco institucional para la promoción de la innovación en el sector productivo**
Respuesta:
  - Ley de fondos y sociedades de capital de riesgo.
  - Programas de Incubadoras de empresas de base tecnológica.
  - Régimen legal de propiedad industrial.
  - Régimen legal de propiedad intelectual.
  - Acuerdos de integración y de cooperación internacional.
  - Establecimiento de programas de incentivos, de modernización y de fortalecimiento del recurso humano para Pymes.
  - Programa de clusters a nivel nacional.
  - Sistema de garantías para Pyme (Sogampi).
  - Fondo de Crédito Industrial (Foncrei)
  - Apoyo del Banco Exterior (BancoEx)
  - Portales temáticos sector productivo
  - Fortalecimiento de bases de datos sector productivo
  - Promoción de competitividad con la Comisión Nacional e Promoción de Inversiones (CONAPRI)

- **Poca vinculación sectores empresarial y académico**
Respuesta:
  - Agendas de convocatoria pública para definición de áreas de financiamento en CyT.
  - Foros participativos para la definición de políticas.
  - Programa de fortalecimiento de Clusters (cadenas cooperativas productivas)
  - Constitución del Sistema Nacional de Ciencia, Tecnología e Innovación.

- **Falta de interacción entre instituciones y desaprovechamiento de recursos institucionales existentes**
Respuesta:

- Agendas
- Prospección y Observatorio
- Clusters
- Integración de postgrados
- Estímulo a proyectos que integran instituciones
- Gobierno electrónico
- Programa de Fortalecimiento a la Gestión Regional

- **Debilidad en la gestión administrativa de los recursos en el organismo de financiamiento (Fonacit)**
  Respuesta:
  - Definición e implementación de portales e impulso del Internet para la recepción, evaluación, aprobación, financiamiento y seguimiento de proyectos.

- **Atraso en normativas y control de calidad**
  Respuesta:
  - Ley de Calidad y Normativa.
  - Inclusión de Metrología y Calidad en los programas de financiamiento.
  - Cluster de Metrología.
  - Programas de divulgación.

- **Destrucción del aparato productivo**
  Respuesta:
  - La complejidad de la situación política nacional y el avance de una propuesta política contraria al desarrollo de capacidades productivas y al emprendimiento, así como a la propiedad privada, indican la necesidad de realizar actividades políticas que permitan controlar el ejercicio actual del poder y reorientar el rumbo del país, en el marco de la Constitución. Comentarios relativos a este punto ya sobre pasan los alcances del presente trabajo.

- **Deterioro del sistema de educación superior**
  Respuesta:

- El sistema educativo venezolano obedece a una visión ideologizada de la sociedad, adicionalmente, han sido desarrollados misiones y visiones educativas que no colocan la calidad de la educación en el nivel requerido para la formación de los ciudadanos y los técnicos y profesionales que el país requiere. Como ejemplos podemos citar brevemente los textos de educación primaria, contentivos de visiones revisadas e interesadas de la historia, la creación y mantenimiento de carreras como la de los médicos integrales comunitarios, lo cuales pretenden entregar a los estudiantes conocimientos que le permitan ejercer la carrera de médico, e incorporarse a cursos de postgrado y especializaciones, sin contar con los conocimientos necesarios. Esta situación es sumamente delicada y pone en riesgo los estudios de medicina, la calidad de los profesionales, la salud de los pacientes y el respeto al conocimiento y al estudio, como un mecanismo indispensable de superación personal y colectiva, así como para el desarrollo de la sociedad.

10) TIC: dificultades y propuestas

El sector de las tecnologías de información y comunicación (TIC) es especialmente incluido en la definición misma de la Sociedad del Conocimiento. La forma cómo ha cambiado la vida en el mundo a finales del siglo XX, muestra esta importancia. Nuevas tendencias e innovaciones en las TIC tocarán todos y harán avanzar muchos sectores de la sociedad, y harán que la vida en las próximas décadas sea muy diferente a la actual, aun cuando la brecha digital puede seguir creciendo, y con ella la injusticia en el mundo.

A continuación se mencionan algunos aspectos problemáticos del sector de las TIC, cuyas soluciones propuestas deben ser evaluadas, analizadas y relanzadas

- **Insuficiencia de políticas coordinadas en TIC , así como de un programa a ser desarrollado**
  Respuestas:
  - Plan Nacional de TI (incluye políticas en conectividad, capacitación, contenidos, gobierno electrónico y economía digital)
  - Ejercicios de Prospección en TI
  - Ejercicios de Prospección en Telecomunicaciones

- **Insuficiente participación, especialmente en sectores de bajos recursos y rurales**
  Respuestas:
  - Aplicación de programas previstos para el fondo Universal, en la ley de telecomunicaciones
  - Revisar, recuperar y profundizar Programa Infocentros
  - Centros de Informática (Min. Educación)
  - Difusión de uso del internet
  - Generación de referencias y confianza para el sector privado, lo cual estimula sus iniciativas
  - Promoción de proyectos con gobernaciones y alcaldías (programa

de fortalecimiento a la gestión regional, gestión, apoyo al sector productivo local y educación y generación de contenidos locales)

- **Insuficiencia de contenidos educativos**
  Respuesta:
  - Agenda TIC en educación
  - Financiamientos para desarrollo de contenidos educativos
  - Cluster de contenidos educativos
  - Convenios internacionales para intercambio y uso de contenidos educativos.
  - Redes Internacionales latinoamericanas de contenidos educacionales (RIVED y LACTIC)
  - Programas de formación de maestros
  - Programa Rena: Red Escolar Nacional

- **Insuficiencia de personal calificado**
  Respuesta:
  - Amplios programas de formación en Institutos Tecnológicos (IUT) (o universidades territoriales)
  - Programas de becas de pregrado y postgrado
  - Programas de desarrollo de contenidos para docentes
  - Programas de formación con universidades
  - Programas de formación con el sector privado. Renegociar antiguos existentes y fundar otros, tales como: programa de formación de programadores con IBM, formación de redes Cisco, laboratorios de transferencia tecnológica de Microsoft.
  - Estímulo a intercambios y convenios internacionales
  - Creación de un centro internacional

- **Insuficiencia de fondos para formación, dotación e investigación de universidades, Institutos tecnológicos y postgrados**
  Respuestas posibles:
  - Rescate de la LOCTI y de FIDETEL y de sus recursos
  - Establecimiento de TIC como área prioritaria en I&D
  - Relanzamiento de Agenda DICC (desarrollo de información, conectividad y contenidos)

- Financiamientos para proyectos (Fonacit)
- Servidor temático de CyT
- Convenios con sector privado

- **Insuficiente competitividad del sector productivo**
  Respuestas posibles:
  - Programa de formación de innovadores y modernizadores empresariales
  - Programa de inserción de innovadores nóveles industriales
  - Programa de beca industriales
  - Programa de creación de empresas punto com
  - Programa de modernización de pymes mediante TI
  - Apoyo a pymes en TI en la divulgación de sus productos
  - Programa de Cluster de empresas de software
  - Programa de Incubadoras de empresas de software y de base tecnológica
  - Portal temático: Venezuela Productiva
  - Base de datos pymes y mapas de inversión nacional
  - Definición de una Zona Especial de Desarrollo en Tecnologías de la Información, Comunicación y Electrónica.
  - Financiamiento a proyectos de innovación y desarrollo tecnológico
  - Financiamiento de patentes
  - Programas de estímulo al desarrollo de Software

Todo este análisis y propuestas sólo cobran sentido, en un contexto distinto al actual que vive Venezuela. Sin un ambiente macroeconómico medianamente equilibrado, sin una visión de país a mediano plazo, sin un mínimo clima de convivencia, sin una política fiscal clara y equilibrada, sin una administración transparente y un aparato de justicia equilibrado, sin la eliminación de la corrupción y de la inseguridad, es imposible generar la confianza necesaria para restablecer intercambios de conocimiento, inversiones, en fin, es imposible hacer avanzar un SNCTI.

11) SNCTI: Estrategias y recuperación

Repensar el reconocimiento, fortalecimiento y desarrollo de un verdadero Sistema Nacional de Ciencia, Tecnología e Innovación, es una tarea prioritaria, que debe mantenerse como una llama encendida en la adversidad, con la finalidad de incentivar la reflexión sobre políticas y acciones que permitan que el país pueda tener un sentido que lo impulse al bienestar y al desarrollo, en el momento en que la actual tormenta política, de paso a alguna opción de crecimiento y desarrollo.

Con esa finalidad se proponen lineamientos estratégicos que pueden servir de guía para la refundación del SNCTI. A continuación se mencionan:

1. **Estrategia: Incentivar la demanda de ciencia y tecnología:**
Objetivos:
   - Fomento de una cultura de innovación.
   - Propiciar la participación del sector productivo
   - Propiciar la participación del Estado.
   - Utilización del capital intelectual ocioso y de la oferta de I+D nacional

Instrumentos y programas:
   - Incentivos fiscales
   - Medidas impositivas
   - Agendas
   - Prospección
   - Formación de modernizadores e innovadores de PYMES
   - Inserción de personal capacitado en PYMES
   - Promoción y Divulgación
   - Incubadoras de empresas de base tecnológica.
   - Incentivos fiscales especialmente destinados a impulsar actividades de C y T en el sector productivo.

2. **Estrategia: Fortalecer la oferta de conocimiento y, en general, las capacidades de la sociedad para la producción, absorción y utilización del conocimiento**

Objetivos:
- Crear capacidades de innovación en el sector público y privado
- Masa crítica de investigadores.
- Lograr objetivos rápidos por la vía del aprender haciendo"
- Fortalecer y modernizar las instituciones públicas y las empresas.
- Utilizar la capacidad académica y universitaria para los programas de formación.
- Impulsar la democratización del acceso al conocimiento

Instrumentos y programas:
- Formación para el sector empresarial.
- Escuela de Gerencia e Innovación social para funcionarios públicos
- Fortalecimiento a la Gestión Regional.
- Instrumentos de modernización e Innovación
- Uso intensivo de TIC
- Infocentros, reactivarlos, masificarlos.
- Formación de profesionales y técnicos superiores
- Estímulo a las actividades de I+D
- Fortalecimiento de centros de I+D y tecnológicos
- Gobierno electrónico
- Sistemas de información
- Sistemas de apoyo tecnológico.
- Apoyo a la protección de la propiedad intelectual.
- Programa de Fortalecimiento a la gestión empresarial.
- Programa para la Movilización de profesores e investigadores hacia el sector productivo.
- Carrera del Investigador.
- Políticas de fortalecimiento de las universidades
- Programas de cooperación para investigación e intercambio

3. Estrategia: Creación y articulación de redes
Objetivos:
- Innovación en estructuras organizativas a nivel social y productivo
- Fortalecimiento del Capital Social.
- Cooperación para optimizar recursos y capacidades de respuesta al entorno

- Insertarse en el escenario internacional.
- Política activa en las relaciones internacionales, en función de las prioridades del país.

Instrumentos y programas:
- Convenios y acuerdos sector académico, sector productivo, gobierno.
- Acuerdos internacionales
- Agendas
- Prospección. Análisis de los potenciales y propuesta de estrategias
- Clusters.
- Observatorio Nacional de C y T
- Gobierno Electrónico.
- Portales temáticos.
- Infocentros.
- Fortalecimiento de la gestión regional.
- Integración de postgrados nacionales
- Sistema Hemisférico de Intercambio de Postgrado.
- Redes de venezolanos en el exterior.
- Programas de cooperación Internacional.
- Redes de aliados locales
- Red de instituciones de certificación, metrología y calidad.
- Redes de información.
- Oficinas o unidades de apoyo tecnológico y transferencia entre Universidades y sector productivo.
- Redes de financiamiento para el SNCTI.
- agendas de clusters competitivos.

4. Estrategia: Vincular la oferta y la demanda para la ejecución de proyectos orientados a la solución de problemas prioritarios del país

Objetivos:
- Optimizar inversión para garantizar retorno.
- Resultados de impacto social y económico.
- Valoración y validación social de la CTI.
- Vinculación sector investigativo y productivo.
- Formación vía aprender haciendo

Instrumentos y programas:
- Áreas Prioritarias.
- Ley de CTI
- Prospección
- Agendas.
- Convocatoria a proyectos específicos.
- Fondos públicos y privados.
- Fondos de garantía.
- Fondos de capital de riesgo.
- Fortalecer capacidades institucionales en:
- Unidad de proyectos
- Unidad de negociación
- Coordinación
- Evaluación y seguimiento.

12) SNCTI: Lineamientos de políticas públicas de estímulo al conocimiento y a la innovación

Conseguir caminos de desarrollo sostenible, que incluyan la inserción y crecimiento en la Sociedad del Conocimiento, que respeten y estimulen la libertad, la solidaridad y la justicia, no es la dirección en la que actualmente se dirigen las políticas institucionales en Venezuela. Conseguir que la sociedad se oriente en esas dirección, es un esfuerzo que escapa a los análisis y alcances del presente trabajo, salvo en lo concerniente a las visiones y políticas que establezcan un rol preponderante de la Ciencia y la Tecnología, como agente de desarrollo y de inserción en la Sociedad del Conocimiento.

¿Cuáles son las oportunidades que se derivan de utilizar el conocimiento, la tecnología y la innovación como herramientas para el desarrollo? ¿Cómo alcanzar en corto y mediano plazo resultados de impacto, avances tangibles en la urgente transformación de la realidad de pobreza y exclusión que nos agobia? ¿Cómo desarrollar un entramado social que motive a los jóvenes a hacer esfuerzos por desarrollarse profesionalmente en el mundo del conocimiento, de la ciencia y la tecnología, en Venezuela, sin que tengan que salir del país para tratar de alcanzar sus sueños? ¿Cómo generar una dinámica económica que permita que el emprendimiento y los esfuerzos de superación económica puedan generar iniciativas exitosas que generen empleo y riqueza para el país en un estado de justicia social? Estas y otras preguntas similares deben ser retomadas si se desea enrumbar el país por un sendero de desarrollo y crecimiento, de libertad y justicia social. El rol de la ciencia y la tecnología, y las políticas públicas y desarrollos económicos que puedan hacerse para fortalecer un SNCTI, son fundamentales para el direccionamiento de un país que procure su destino en la sociedad del conocimiento y en el mundo de la globalización, más allá de los atascos ideológicos, la profunda división y la debilidad institucional y social que presenta el país hoy.

El paradigma de la «Sociedad del conocimiento», fundado en el talento humano y en la idea de que la ciencia y la tecnología son herramientas fundamentales para propiciar el desarrollo, es clave en cualquier esfuerzo por dilucidar y superar la realidad que se desea cambiar. El conocimiento y la innovación han sido ingredientes fundamentales del crecimiento y el bienestar, no solamente en los países que se desarrollaron desde finales del siglo XIX, sino también en países del Tercer Mundo en el siglo XX; el mejor ejemplo lo conforman los países del sudeste asiático y China. Hoy se maneja la idea de que sin ciencia, tecnología e innovación, no hay desarrollo.

La competitividad de un país depende de su capacidad innovadora. Para que las iniciativas en ciencia, tecnología e innovación se concreten en logros y prácticas sociales específicas y sostenibles, son indispensables la búsqueda del consenso y la construcción de una visión común del país, que incluya la diversidad de opiniones, así como también la confianza en las instituciones, y la continuidad y estabilidad de las políticas. Estos son elementos que deben integrarse como bases necesarias del pacto social. Estos son elementos que se requieren para el desarrollo, elementos que apuntan a subrayar que la situación de retraso y exclusión del país, exige del gobierno nacional políticas innovadoras, así como estrategias y esquemas de gestión pública novedosos y creativos, que permitan, si no la consolidación inmediata de un verdadero Sistema Nacional de Innovación, (que dadas las circunstancias actuales, como ya se ha comentado, es una meta a largo plazo), al menos el aprovechamiento estratégico de las ventajas comparativas y fortalezas del país, para desarrollar sectores de oportunidad y fortalecer circuitos innovadores, ya existentes o potenciales, a nivel nacional. Todo esto, con el fin de competir en los mercados regionales y globales a corto plazo, y lograr un rápido impacto en la reactivación de la economía, el crecimiento productivo, la creación de empleos y la mejora de la calidad de vida de la población.

El crecimiento económico de las naciones es un elemento necesario pero no suficiente para lograr el desarrollo nacional con equidad. En Venezuela la economía se basa casi exclusivamente en la producción de materia prima: petróleo, y peor aún, las actuales limitaciones y deficiencias de capacidades tecnológicas en la explotación petrolera, han llegado a la consecuencia que hoy Venezuela exporte petróleo e importe gasolina.

En distintos momentos se ha propuesto que la diversificación de la producción puede ser una solución en sí misma, podría generar riquezas, empleos y desarrollo en distintos sectores económicos, pero esta consideración no es suficiente, el mercado interno se agota rápidamente y, en un mundo globalizado, los criterios de competitividad se imponen para alcanzar una inserción sostenible en el escenario internacional.

La innovación, en un contexto global altamente cambiante, se orienta al desarrollo de estrategias para lanzar y mantener de manera competitiva, un determinado producto en el mercado, así como, en paralelo, a la consolidación de capacidades empresariales flexibles y adaptables que permitan la modificación y sustitución de estos productos de manera oportuna.

La competitividad de un producto se basa en la capacidad de la empresa de mejorar las características del producto y de reducir precios de oferta en el mercado mediante mecanismos de innovación, en distintos aspectos: la optimización de los procesos de producción, la introducción de nuevas tecnologías, los cambios en las estructuras organizativas empresariales y las alianzas estratégicas con otras empresas. Pero la supervivencia de la empresa y su desarrollo también exigen procesos que permitan la consolidación de su capacidad para la absorción de nuevos conocimientos y tecnologías, la innovación para la creación de nuevos mercados y una estructura organizativa flexible que permita su rápida adaptación a los cambios.

Por otro lado, el aumento de la calidad de vida de la población requiere de la generación de riqueza y empleos, desarrollo empresarial, una adecuada distribución de la riqueza y una adecuada base de servicios e infraestructura. Con frecuencia se observa que los procesos de innovación en las empresas y su ubicación competitiva en el mercado conducen a efectos contrarios: la reducción del empleo y la acumulación desigual de la riqueza. Esto puede traducirse en un crecimiento económico (medido a través de los índices del PIB nacional) que no es necesariamente reflejo de un verdadero desarrollo social sustentable.

Para lograr un desarrollo integral y armónico es indispensable diversificar la producción, aprovechar las ventajas comparativas regionales, desarrollar nuevos productos de valor agregado, y crear pequeñas y medianas empresas que, rápidamente, sean, a su vez, competitivas en el mercado nacional o que puedan expandirse hacia otros mercados, y es también fundamental desarrollar las capacidades de los trabajadores, del talento humano, lo cual requiere fundamentalmente del incremento de su capacitación, y el uso cada vez más intensivo del conocimiento.

Dos aspectos son necesarios en el sector productivo para lograr un desarrollo económico y social: el crecimiento y consolidación de las empresas existentes en un marco diversificado de producción y de expansión del mercado, y la creación de nuevas pymes para originar fuentes de empleo. Ambos procesos van vinculados a la innovación. Actualmente se acepta que la capacidad de innovación proviene fundamentalmente del aporte creativo del talento humano y de la inversión en actividades de investigación y desarrollo, tanto para la absorción y creación de tecnologías, como para la optimización de procesos y el desarrollo de nuevos productos.

En Venezuela, la dinamización de la economía sólo será posible con una adecuada política de desarrollo del capital humano, de inversión para favorecer procesos de innovación en el sector productivo y de políticas públicas que incentiven la capacidad social de absorción de tecnologías y desarrollo de nuevos productos.

Las experiencias de otros países que lograron su inserción en el mercado mundial como Japón, Corea, Singapur, Malasia, etc, indican que la inversión en la formación de capital humano y en investigación y desarrollo es un factor importante para impulsar la economía. También muestran que es posible insertarse en el mercado a partir de las oportunidades que brindan las nuevas tecnologías, sin necesidad de atravesar por todas las etapas que llevaron a su aparición en los países europeos y en Estados Unidos. En los países del sudeste asiático mencionados, la inversión en investigación y desarrollo se ubica entre el 1,5 % y el 3 % del PIB. En Venezuela, la inversión nunca había alcanzado esas magnitudes, y su mayor cifra se consiguió en 2001, un 0,35 % del PIB. Luego de la implementación de la LOCTI, en 2006, estos valores fueron incrementados de manera significativa, pero su cálculo incluye numerosas actividades alejadas de las propias de la ciencia, la tecnología y la innovación, por lo que, en realidad, no se han superado de manera realista, inversiones necesarias para desarrollar el SNCTI.

Un despegue económico de Venezuela dependerá del aprovechamiento de sus ventajas comparativas: petróleo, recursos mineros, biodiversidad…, para transformarlas en ventajas competitivas que lleven a la obtención de productos de valor agregado, a la generación de empleos, de riqueza y al aumento de la calidad de vida de la población.

Por otro lado, considerar que la globalización lleva obligatoriamente a la igualdad de oportunidades para el acceso a nuevas tecnologías, es falsa. Es ingenuo pensar que la adquisición, aprendizaje o acceso a las nuevas tecnologías y la capacidad de innovación, se realizará únicamente a partir de la cooperación con países desarrollados, con el intercambio científico o con la apertura del mercado nacional a empresas extranjeras. Es necesario desarrollar la capacidad social para crear y absorber conocimientos y tecnologías, así como las estructuras empresariales y productivas adecuadas para implementarlos, crearlos, transformarlos, o, simplemente, demandarlos. Se desprende de allí la importancia del talento humano, del conocimiento y de la investigación como motores para el desarrollo. Es la capacidad creativa e innovadora del factor humano la que permite colocar a la ciencia y a la tecnología al servicio del crecimiento productivo y del desarrollo social.

Las empresas venezolanas no pueden desarrollarse sin fortalecer y formar su capital humano y aumentar sus capacidades de aprendizaje y absorción de nuevas tecnologías. Esto exige un cambio radical en la cultura institucional del Estado y de la visión empresarial predominante, y un impulso a la formación de nuevos emprendedores, creativos y dinámicos. Para aumentar la competitividad de las empresas existentes y favorecer la creación de nuevas empresas de base tecnológica, las políticas públicas deben orientarse a:

• Favorecer la inserción de personal de alto nivel y de investigadores en el seno de las empresas.
• La creación de redes de información y de apoyo empresarial.
• Impulsar la formación de profesionales de alto nivel y de

investigadores, de técnicos, gerentes y nuevos emprendedores.

- Propiciar la creación de pymes de base tecnológica.
- Favorecer la movilización de investigadores, del seno de las universidades e institutos, al sector productivo.
- Favorecer el uso y la demanda de tecnología, servicios y productos nacionales, por parte de las empresas del país.
- Favorecer la creación de redes de empresas (clusters) en cadenas de valor, que vayan abriendo oportunidades a sectores socialmente más aislados de la sociedad y con bajos niveles de conocimiento.
- Fortalecer los mecanismos de difusión de las tecnologías existentes y la infraestructura y servicios de apoyo tecnológico.

Estas políticas requieren el desarrollo de marcos institucionales y jurídicos apropiados, la implantación de medidas impositivas e incentivos fiscales para el sector productivo, subvenciones y programas diseñados para consolidar el Sistema Nacional de Ciencia, Tecnología e Innovación, la creación de fondos de capital semilla para nuevas empresas innovadoras y la atracción de capitales de riesgo con estos fines. La tarea no es fácil. La transformación para aprovechar las oportunidades que brindan las nuevas tecnologías de información, la biotecnología y la innovación en el área de la petroquímica y la metalmecánica, entre otras —que podrían ser los instrumentos para lograr un salto rápido y significativo en el desarrollo de Venezuela— exige una inversión importante del Estado y un cambio radical en las políticas que lleven a la consolidación de un sistema como el mencionado y al desarrollo de la capacidad social para utilizarlo.

Puede considerarse que con la creación del Ministerio de Ciencia y Tecnología en 1999 se dieron algunos pasos para la procura de respuestas a estos planteamientos. Pero todo eso ha sido destruido por el proceso político y las limitaciones ideológicas. Es necesario retomar estos caminos previamente emprendidos, así como otros rumbos innovadores, para hacer posible el desarrollo productivo y social. Esto se hace más necesario, en especial actualmente en nuestro país, dado el difícil escenario nacional caracterizado por la polarización, la crítica realidad económica, la debilidad institucional, la inseguridad, la persecución política y las retóricas políticas que han fracasado en su accionar.

Como ha sido mencionado anteriormente, el MCT fue creado en Septiembre de 1999 con la finalidad de avanzar en la democratización del conocimiento y el uso de la ciencia y la tecnología como herramientas para el desarrollo del país, en la perspectiva de desarrollar el Sistema Nacional de Ciencia, Tecnología e Innovación. Los lineamientos fundamentales de sus políticas públicas se orientaron en función de los siguientes aspectos:

- Innovación y calidad de vida.
- Talento humano, creatividad y conocimiento.
- Innovación y sector productivo.
- Redes y capacidades asociativas.
- Uso del conocimiento en la gestión pública.
- Desarrollo de las Tecnologías de Información y Comunicación (TIC).

12.1) Innovación y calidad de vida

Las políticas de ciencia y tecnología incluyen consideraciones relativas a la atención de las necesidades más urgentes de la población, en especial las que tienen que ver con los problemas de vivienda, salud, alimentación, educación, desarrollo del aparato productivo, y otras. Estas necesidades fundamentan las agendas de Investigación y Desarrollo (I+D): se trata de poner el conocimiento y la investigación al servicio de la población.

Como ejemplo, el problema de la vivienda y el hábitat, constituye un pesado pasivo social. Casi la mitad de la población venezolana vive en viviendas inadecuadas, con insuficientes criterios técnicos de seguridad y confort, o simplemente carece de vivienda, o vive en viviendas precarias, inseguras, insalubres y que dificultan, si no impiden, el desarrollo humano y la inserción social. Esto define necesidades de construcción, remodelación o sustitución de más de 2 millones de viviendas en todo el país, además de una profunda mejora o sustitución de grandes partes del hábitat urbano. Cada año se agregan a la demanda más de 100.000 unidades habitacionales requeridas por los sectores menos pudientes. Se trata, pues, de un problema social prioritario. Se impone encontrar la fórmula para dar un salto cualitativo en las políticas en vivienda y estimular la puesta en marcha de programas de investigación para atender este problema: investigación sobre los métodos productivos, seguridad, confort, materiales, desarrollo urbanístico y calidad de vida, amenazas naturales, organizaciones sociales, financiamiento, infraestructuras, pymes y otros tantos temas. Vivienda + Hábitat conforman una ecuación clave del desarrollo social y su solución tiene un estrecho vínculo con el crecimiento económico, la generación de empleo y la mejoría de la calidad de vida: es, ciertamente, una línea prioritaria de investigación, por lo que la definición de los estudios y proyectos, y la relación con empresas, pymes, cooperativas, organizaciones comunitarias, requieren un abordaje innovador por parte del Estado. Entre otros aspectos, será indispensable contar con la más amplia consulta y tomar en cuenta las opiniones de los distintos sectores sociales afectados por el problema, mediante mecanismos apropiados de participación nacional.

Otro tanto puede comentarse acerca del tema de la salud: las agendas de investigación incluyen amplios campos del conocimiento, de las ciencias básicas y aplicadas, relacionados con métodos de atención y prevención. Es fundamental fortalecer las capacidades de generación y apropiación social de conocimiento, incentivar la participación del sector empresarial en la modernización y desarrollo tecnológico. Se trata de implementar agendas de investigación que tomen en cuenta las necesidades nacionales, que integren y aprovechen el potencial existente, y que asimilen las experiencias de distintos países para desarrollar este potencial y hacerlo crecer.

Otras agendas prioritarias de Investigación y Desarrollo están orientadas a los sectores: alimentario, educación, biotecnología, ambiente, prevención de desastres y desarrollo energético. El objetivo es orientar las políticas públicas en ciencia y tecnología a la atención de necesidades de la población: este es un requerimiento ético. La visión realista de las demandas de la sociedad define amplios caminos a la investigación, y abre espacios para la creatividad y la innovación.

12.2) Talento, capacitación y conocimiento

El talento humano es un elemento importante del desarrollo; sin capacitación, sin conocimiento, no es posible el avance de las sociedades. La situación de retraso educativo en países en desarrollo, impone retos impostergables y requiere de políticas públicas que apunten a fortalecer y acrecentar capacidades existentes, democratizar el conocimiento, desarrollar el talento e insertar el recurso humano capacitado en la economía productiva.

En Venezuela el nivel promedio de formación de la fuerza productiva está alrededor del sexto grado de educación primaria. Hay, además, unos tres millones de jóvenes entre 14 y 25 años, sin oficio, y aproximadamente la mitad de la población vive de la economía informal, centrada en el comercio precario, sin producción. A estos problemas se añaden el deterioro de la calidad de los procesos educativos en los niveles medio y superior, el bajo número de investigadores, la insuficiencia de generaciones de relevo en universidades e instituciones de investigación, la poca vinculación de la oferta científica y tecnológica con las demandas del sector productivo, las deficiencias en infraestructura educativa, la escasez de recursos y la baja capacidad técnica del personal de las empresas.

Las estrategias actuales del gobierno para encarar esta crítica situación se centran en iniciativas para acelerar la alfabetización (Misión Robinson) y masificar la educación mediante la incorporación de gran número de personas en programas de formación media (Misión Ribas) y universitaria (Misión Sucre). En los últimos diez años se han creado nuevas universidades, como la Bolivariana, y la Universidad Nacional Experimental de las Fuerzas Armadas (UNEFA). Asimismo, con la Misión Vuelvan Caras, se trata de formar capacidades e incorporar a la población en procesos productivos, en plazos relativamente cortos.

Estas iniciativas son valiosas, pero su éxito no ha sido el esperado, principalmente porque no han sido adecuadamente planificados, no hay control de la calidad de la enseñanza y del conocimiento, no desarrollan investigación, no tienen relaciones con pares nacionales ni con referencias internacionales, y no hay seguimiento del desarrollo de los egresados. Es necesaria la evaluación de la calidad de estos procesos educativos y del fortalecimiento de las instituciones para permitir la sustentabilidad, mejora y continuidad de los programas. Es vital evaluar la pertinencia de la formación técnica y profesional en relación con las demandas del país, así como las capacidades y efectividad del personal docente y fortalecer programas de vinculación con el sector productivo, de formación de empresarios y de inserción de los egresados en las empresas. El objetivo es masificar la educación, y las capacidades productivas y de emprendimiento, con un alto nivel de calidad, no es el de masificar el desempleo ni de empeorar la calidad de la práctica profesional ni la de los servicios.

Es necesario optimizar la inversión pública con políticas y programas creativos y adecuadamente planificados. Las tecnologías de información brindan oportunidades por explorar tanto para fortalecer capacidades educativas de apoyo a los profesores y docentes, así como el proceso de enseñanza, facilitar el acceso al conocimiento y su utilización, como también para desarrollar la economía productiva. Asimismo, se requiere evitar la dispersión y centrar los esfuerzos en el desarrollo de sectores de oportunidad alrededor de las ventajas del país: las prioridades educativas también deben tomar en cuenta, aunque no de manera exclusiva, la formación de talento en los temas del petróleo y sus derivados, ingeniería, biotecnología, y los sectores estratégicos para diversificar la economía.

12.3) Innovación y sector productivo

Desde hace ya unos cuantos años las empresas venezolanas, especialmente las pequeñas y medianas (pymes) atraviesan por una situación muy difícil: muchas han sido expropiadas, otras han cerrado y las que sobreviven tienen más del 50% de su capacidad productiva ociosa. La producción se caracteriza, en general, por su baja calidad, ineficiencia y alto costo, lo cual dificulta su incursión competitiva en el mercado, no solamente en el mercado internacional sino, en muchos casos, en el nacional. Algunas de las razones son: políticas gubernamentales hostiles, inestabilidad económica, ausencia de suministros, un marco legal laboral y su aplicación que dificultan el desempeño productivo, distintos e impredecibles valores de las divisas, y esto refuerza deficiencias como el limitado uso de las nuevas tecnologías, escasa iniciativa empresarial en procesos de modernización, innovación, aprendizaje tecnológico, asociación con otras empresas, formación del personal y, además, la baja vinculación de los centros de producción del conocimiento con el sector industrial.

Los países de América Latina se caracterizan porque una alta proporción de sus exportaciones corresponden a materia prima o a productos de muy bajo valor agregado. En Venezuela, las actividades de las grandes industrias nacionales de materia prima (petróleo, hierro, aluminio, etc.) establecen alta demanda de tecnología y servicios, atendida principalmente por grandes empresas extranjeras. En estas condiciones las políticas deberían apuntar a desarrollar cadenas de empresas capaces de abastecer el mercado tanto en las actividades de explotación, como también en la diversificación económica mediante la fabricación de productos de mayor valor agregado y orientados a la exportación.

La implementación de cadenas productivas permite generar tejidos asociativos empresariales indispensables para el desarrollo; el fortalecimiento y creación de pymes y cooperativas organizadas en redes de asociación productiva son elementos esenciales para la generación de empleos, la distribución equitativa de la riqueza y el desarrollo nacional. El sector productivo es estratégico en los objetivos nacionales de desarrollo, pero en la era de la globalización se requiere instalar en el país una cultura empresarial que privilegie al verdadero emprendedor e innovador con visión ética de su rol social y su compromiso con el país.

El rol del Estado es fundamental para recuperar, crear y consolidar esta cultura empresarial. Las estrategias del MCT en 1999-2002 apuntaron en esa dirección, con diversos programas que se iniciaron con su creación: modernización mediante el uso de TIC, creación de observatorios y portales para el sector productivo, programas de formación de personal, de inserción de personal capacitado en la industria, de modernización, de apoyo financiero a iniciativas de innovación, de creación de centros de Investigación y Desarrollo, de fortalecimiento de la asociatividad, de consolidación de redes de cooperación, de estímulo al vínculo con las universidades, entre otros.

12.4) Redes y capacidades asociativas

Otro de los elementos fundamentales de las políticas públicas de ciencia y tecnología es la conformación de redes asociativas; ellas son vitales para la consolidación del capital social y conforman bases para el desarrollo del país. Es necesario retomar y relanzar iniciativas que incentiven y consoliden redes de cooperación. A continuación un par de experiencias.

La primera se refiere a la constitución de un cluster de producción de zábila (Aloe Vera) en las montañas del estado Falcón. En esa región existían algunas cooperativas y comunidades que producían zábila de manera limitada. Con ese punto de partida se generaron dinámicas de evaluación y mejora de las prácticas productivas mediante la participación de universidades, se incorporaron mejoras tecnológicas en la producción y se organizó a los productores en una red asociativa. Con ello se incrementaron la capacidad productiva y las ventas hasta el punto de iniciar la exportación de los productos a otros países. El programa se multiplicó con la formación de otros veinticuatro clusters en el territorio nacional: producción de «queso telita», aserraderos y muebles, componentes eléctricos, apicultura, granjas integrales autosostenibles para población indígena del Amazonas, metalmecánica, café, producción frutícola, yuca y lácteos, entre otros.

Otra experiencia tiene que ver con los programas de asociatividad de postgrados nacionales que abrieron cursos de maestría y doctorado interinstitucionales. La integración de los postgrados favorece el intercambio científico y la movilización de profesores y estudiantes en el territorio nacional, contribuye a fortalecer y complementar las capacidades, permite el mejor aprovechamiento de los recursos y el incremento de la calidad en la formación.

Iniciativas como éstas muestran que la conformación de redes, la asociatividad de los actores en todos los ámbitos —productivo, educativo, cultural, entre otros— son útiles para fortalecer a los actores individuales, complementar sus capacidades y paliar sus debilidades. Las redes de cooperación ayudan a solucionar problemas de gestión administrativa, dispersión, aislamiento e ineficiencia en la utilización de recursos, y articulan esfuerzos hacia objetivos comunes. En una red el todo es más que la suma de las partes.

Las políticas públicas adecuadas para estimular la asociatividad y la formación de redes se basan en lograr la comunicación, la propuesta de objetivos comunes y el compromiso de los actores mediante mecanismos de participación social en la generación y uso del conocimiento, en la procura de logros conjuntos, de intereses comunes para las partes. Los mencionados programas, entre otros, fueron implementados con la utilización de mecanismos que demostraron ser exitosos para la formulación y ejecución de políticas públicas. Se trata de mecanismos participativos con los que se crean espacios de discusión y de intervención de actores de todos los sectores, en la búsqueda del consenso y la visión común de problemas específicos y sus soluciones. En particular, las «metodologías prospectivas» y las «agendas», complementadas con el análisis de escenarios y articuladas con «observatorios» de ciencia y tecnología permiten formular políticas y orientar adecuadamente la gestión pública. Para ello es necesario coordinar la participación de los sectores productivos y académicos y contar con bases de información adecuadas.

12.5) Uso del conocimiento en la gestión publica

Las instituciones públicas presentan debilidades que impiden su adecuado desempeño. Los problemas son numerosos y, tal vez, la débil formación de los directores, gerentes y líderes de alto nivel, así como funcionarios públicos frente a los nuevos retos del entorno y la insuficiente coordinación entre instituciones e instancias de gobierno, se encuentren entre los principales. En 1999-2002 se desarrollaron programas destinados a fortalecer instituciones públicas mediante estrategias de formación, articulación de redes y uso de nuevas tecnologías.

En 2001 se inició el Programa de fortalecimiento de la gestión regional, el cual incluía reuniones con alcaldes y gobernadores y talleres de formación para funcionarios medios de las alcaldías y gobernaciones. El programa apuntó a los objetivos de fortalecer la demanda y utilización del conocimiento en las diversas regiones del territorio y de incrementar la capacidad de las alcaldías y gobernaciones en actividades de: planificación, diagnóstico y definición de áreas prioritarias de acción, formulación, gerencia, coordinación y ejecución de proyectos. Las estrategias del programa se basaban en la identificación de las capacidades locales y la vinculación de los organismos de gobierno con universidades y empresas de la región.

Este Programa de fortalecimiento a la gestión regional responde a una situación caracterizada entonces por los siguientes aspectos problemáticos:

- Fuerte concentración en la región norte-centro-occidental, y sobre todo en la región capital, de la demanda social e inversiones del Estado en proyectos de innovación.
- Escasa utilización de los fondos públicos en actividades de innovación: un gran porcentaje de los proyectos presentados por alcaldías y gobernaciones eran rechazados por los organismos de financiamiento debido a deficiencias en su formulación.
- Escasa formación del personal de alcaldías y gobernaciones en la formulación y gerencia de proyectos: los funcionarios mostraron tener grandes dificultades para planificar y preparar proyectos en distintas áreas de su gestión; también desconocían los servicios y capacidades de instituciones de investigación y desarrollo para apoyar la ejecución de proyectos y la solución de problemas concretos en las regiones y municipios.
- Desarticulación de las políticas públicas nacionales, regionales y locales

Los objetivos específicos del programa fueron los siguientes:

- Incentivar y orientar la formulación de proyectos específicos de desarrollo en todas las regiones del país: proyectos que atendieran necesidades en el ámbito local, pero con una formulación adecuada, que hiciera factible el acceso a diferentes fuentes de financiamiento público.
- Activar procesos de vinculación de los sectores públicos, productivos y académico-investigativos, para propiciar la demanda y circulación del conocimiento y fortalecer las capacidades sociales en las regiones. Integrar el talento científico y tecnológico en la formulación y ejecución de proyectos de desarrollo.
- Crear fuentes de empleo para ocupar el talento ocioso o subutilizado, profesional o altamente capacitado, en la formulación y ejecución de los proyectos locales de desarrollo.
- Contribuir con el fortalecimiento de la gestión pública en el ámbito

regional, a través de la capacitación de funcionarios de nivel medio mediante talleres de formación.

- Fortalecer el capital social, a través del establecimiento de redes de cooperación y de apoyo tecnológico en el ámbito local, para la realización de proyectos.
- Integrar, articular y coordinar políticas y programas de los niveles locales, regionales y centrales de gobierno y de la administración pública; fortalecer al mismo tiempo los procesos de descentralización.
- Ejecución de políticas públicas con resultados concretos, en respuesta a necesidades reales de la población.

Estos programas estimulan la planificación, la integración de la acción del gobierno local y nacional, la participación ciudadana y el fortalecimiento de la demanda de conocimiento. Como resultado de una primera experiencia nacional se consiguió la participación de más de dos tercios de las alcaldías y se financiaron proyectos específicos en áreas como: evaluación y atención a la mortalidad materno-infantil, evaluación y seguimiento de la educación primaria, diagnóstico y planificación en el sector vivienda, recuperación de los espacios públicos y recreacionales, programas de prevención de desastres, portales agroproductivos, infocentros, catastro, programas de recolección y disposición de desechos sólidos y oficinas de apoyo y gestión tecnológica para pymes y cooperativas, entre otros.

Otros programas destinados a fortalecer la gestión y las capacidades institucionales de los organismos públicos, incluyeron los programas de formación en gerencia social, la automatización de procesos en alcaldías y gobernaciones mediante el uso de las tecnologías de información y la creación de portales en el espacio virtual para el gobierno en línea.

12.6) Desarrollo de Tecnologías de Información y Comunicación (TIC)

El desarrollo, uso y aprovechamiento de las Tecnologías de Información y Comunicación (TIC), requiere mantener un esfuerzo sostenido en las áreas de capacitación, conectividad, contenidos, gobierno electrónico y economía digital. Para ello es fundamental convocar agendas a nivel nacional que incluyan a los sectores académicos, los usuarios y el sector empresarial. La presencia del gobierno es importante, ya que sus requerimientos establecen la demanda principal de las TIC en el país y estimulan la economía asociada con este sector.

El acceso universal a internet debe ser un objetivo primordial de las políticas públicas que debe lograrse de manera urgente. Asimismo, la calidad del servicio de internet, el cual es altamente ineficiente, por muchas razones. Es necesario profundizar los programas destinados a alcanzar el acceso universal de calidad. Esfuerzos gubernamentales y privados son fundamentales para avanzar en esa dirección. Paralelamente, son imprescindibles esfuerzos para reducir al mínimo los costos de las comunicaciones, a fin de lograr la mayor accesibilidad posible.

En 2001 el MCT estructuró un Plan Nacional de TIC con políticas de desarrollo nacional. Se impone continuar y ampliar esfuerzos iniciados con el Plan Nacional de 2001, especialmente en lo concerniente a programas de gobierno electrónico, capacitación y apoyo a la planificación en las instituciones públicas, estímulo a la industria nacional del software, incubadoras de empresas, e innovación en el sector productivo y desarrollo de la educación y contenidos mediante TIC.

En 2001 se logró crear y aprobar la Ley de Firmas y Mensajes de Datos Electrónicos. Todavía hoy es necesario hacer esfuerzos por desarrollar las instituciones requeridas para aprovechar las ventajas que esta ley desarrolla.

Son también importantes las tareas para estimular la conformación y utilización de fondos de capitales de riesgo, con la visión de propiciar el surgimiento y fortalecimiento de empresas de base tecnológica en el país.

Las estrategias implementadas en el periodo 2000-2001 propiciaron el fortalecimiento conjunto de la demanda y la oferta de TIC, en una dinámica centrada en la capacitación de los usuarios: en la medida en que éstos tuvieran mayor acceso a sistemas de información y a nuevas tecnologías —que les resolvieran problemas y mejoraran su desempeño laboral y su calidad de vida—, definirían mejor sus requerimientos.

En regiones pobres y en poblaciones aisladas estas estrategias requieren de mayores esfuerzos; en los numerosos municipios del país sin suficiente acceso a las TIC, el apoyo de las Universidades e Institutos Tecnológicos para fortalecer la demanda y las capacidades es fundamental: una vía inmediata es, por ejemplo, la inclusión, en los planes de formación de los estudiantes, de actividades para la identificación y preparación de proyectos para los gobiernos y comunidades de esos municipios. Con medidas como ésta, de relativamente fácil implementación y bajo costo, se fortalece la oferta —los desarrolladores, las universidades…—, y la demanda —los gobiernos locales, los usuarios—; se dinamiza el acceso social al conocimiento y se estimulan la producción de riqueza y la generación de empleos.

Los programas de formación en TIC deben ser una prioridad; algo se logró avanzar con los programas de desarrollo del software y los convenios con empresas privadas, pero también es necesario que las universidades nacionales, creen programas de formación técnica para que los jóvenes obtengan un título en dos años y se incorporen al mercado laboral de las TIC. Estos programas cortos de formación no excluyen la posibilidad de completar el perfil de ingeniero o licenciado en cinco años, y contribuyen además a crear oportunidades y alternativas intermedias para los estudiantes. Por otro lado, los programas cortos podrían conducir a resultados visibles en muy corto plazo, siempre que se orienten adecuadamente a vincular la formación con las demandas sociales, con los gobiernos locales y las comunidades, las instituciones públicas y privadas, preparar proyectos y resolver problemas concretos del entorno. Si estos programas se complementan con incubadoras de empresas y otras iniciativas de desarrollo empresarial, las universidades habrán contribuido con los objetivos de estimular la demanda de TIC en el país, y con la formación de jóvenes innovadores y nuevos empresarios capaces de atender esas necesidades. Es ésta una vía factible para fortalecer la democracia y contribuir con la transformación de la administración pública.

Las políticas públicas de desarrollo de las TIC apuntan también al sector productivo. Es necesario estimular el surgimiento y fortalecimiento de emprendedores innovadores, capaces de elaborar productos ajustados a las necesidades nacionales e internacionales, y de estimular el intercambio, especialmente en el contexto latinoamericano, a fin de aprovechar el mercado que representa esta región con su numerosa población de habla española y portuguesa (estimada en 500 millones de personas).

Un plan nacional de desarrollo de las TIC se funda, necesariamente, en la creación de una dinámica social: con valores de asociatividad, con fortalecimiento de las instituciones de gobierno para consolidar procesos transparentes y confiables, con programas públicos de capacitación, generación de empleos y apropiación social del conocimiento. Una dinámica que contribuirá, sin duda al crecimiento del capital social, clave del desarrollo. Sin embargo, para ello es indispensable garantizar la continuidad de éstas y otras políticas públicas de impacto social positivo. Los planes y programas gubernamentales son condiciones fundamentales para aprovechar las ventajas y recursos nacionales.

Actualmente, en el proceso de destrucción institucional que acompaña la acción de gobierno, de discute la reforma y cambio de la Ley de Comercio Electrónico; una vez más, este tipo de nuevas regulaciones impiden el desarrollo nacional y , a pesar de lo que los ponentes consideran, muestra la incapacidad del gobierno, de mantener un sistema adecuado de justicia y supervisión. La reforma que está siendo analizada, entre otras cosas, se exige a las empresas que venden por via de internet, que tengan un local y presencia física en Venezuela: "El diputado a la Asamblea Nacional (AN), Francisco Martínez, integrante de la Comisión de Administración y Servicios del Parlamento informó que el proyecto de Ley de Comercio Electrónico, aprobado en primera, tiene como principal objetivo darle un marco legal a las transacciones realizadas a través de Internet en el país." (…) ""La plataforma de la mayoría de las personas que ofertan vía electrónica está fuera del país. Ahora se les obliga a tener alojamiento en Venezuela, para que quien haga el reclamo, sepa dónde ir y a quién reclamar", manifestó durante una entrevista en un canal nacional." [NTN 2014].

13) Educación Online

En EEUU hay más de 20 millones de estudiantes en el sistema de educación superior (casi 6% de la población). Más de 770.000 son extranjeros: 160.000 chinos, 100.000 indios, 72.000 coreanos, 14.000 mexicanos, 6.300 colombianos, 6.300 venezolanos. Ellos contribuyeron con unos 22.700 millones de US$, en 2011/2012, con el sistema educativo (www.iiee.org), aportando a remediar la dificultad que representa para las familias de clase media en EEUU, el costo de los estudios universitarios.

Resolver el problema del alto costo de la educación universitaria es un reto para la sociedad norteamericana, y la formación mediante el uso del internet es una oportunidad. El MIT dicta cursos por internet, y así, por ejemplo, 150.000 estudiantes de más de 12 países siguen cursos de circuitos eléctricos y tienen acceso gratuito a la educación impartida en el más prestigioso centro de educación superior en tecnología (www.edx.com y ocw.mit.edu) [REI 2013]. Muchas otras iniciativas generadas por universidades norteamericanas y del mundo, abren oportunidades de estudio para jóvenes de todo el planeta, por ejemplo www.coursera.org .

Mientras el mundo avanza, en Venezuela, un profesor titular, con doctorado, 4 trabajos de ascenso, publicaciones y reconocimientos internacionales, que habla varios idiomas y ha dirigido decenas de tesis de pregrado y postgrado, tiene un sueldo mensual de unos 2150$ (si utilizamos el cambio de 6,50) o de 140$, uno de los más miserables del mundo, si decimos la verdad, la del dólar real (a Bs 100 el momento de la conclusión de este trabajo). Un instructor pasó, a partir del 1 de Mayo de 2013, a ganar menos que el sueldo mínimo, con lo que tendrá que retirarse de la profesión de profesor y hacer otra cosa para levantar a su familia. De allí la ausencia de generación de relevo en las universidades. El caso de los profesores de educación media y de los maestros, es también muy difícil.

En la Universidad Católica Andrés Bello, para el ingreso de septiembre 2012, el 85% de los estudiantes que ingresan no han visto todas las materias de bachillerato y fue cerrada la opción de Física en Educación por falta de estudiantes. Por otro lado, en el último curso de nivelación para ingreso en la carrera de Ingeniería en la UCV, sólo el 5% aprobó matemática. Como la mayoría de los jóvenes en algún momento no ha cursado física, matemática, química o inglés, les colocan una calificación de otra asignatura, para suplir la nota de un curso que nunca tomó, dejando el vacío de conocimiento en la vida del estudiante. Esta es una de las mayores tragedias que vive hoy Venezuela, y el futuro no se vislumbra mejor debido a la ausencia de profesores.

Adicionalmente, es necesario mencionar que muchos profesores están emigrando, inclusive profesores de educación media, no sólo los de educación superior, en busca de mejores condiciones de vida. Muchos parten a seguir estudios de doctorado o postdoctorado y no regresan. Inclusive el programa Prometeo, de Ecuador, ha sido acogido por profesores e investigadores cansados de las difíciles condiciones económicas y de inseguridad en el país. Un profesor titular de una universidad nacional, a dedicación exclusiva (quien debe tener doctorado, haber presentado al menos 4 trabajos de ascenso, y haber hecho investigación y docencia por al menos 15 años), percibe un sueldo mensual aproximado de bs.13500, el cual corresponde supuestamente a unos 2100$ mensuales, de acuerdo al cambio oficial, pero en la vida real, regida por el cambio paralelo, se corresponde a unos 150$ mensuales, los cuales son insuficientes para cubrir las necesidades básicas de una pequeña familia.

Algunas cifras que muestran los efectos de la fuga de cerebros han sido reseñadas recientemente:

"La Universidad Central de Venezuela (UCV) perdió alrededor de 700 docentes entre 2011 y 2012, de acuerdo con su Asociación de Profesores. Cerca de 400 de los que se fueron estaban considerados como la próxima generación de docentes e investigadores, dice Víctor Márquez, presidente de la asociación. Y alrededor de 500 de ellos afirmaron que se iban a causa de las pobres condiciones económicas, añade. La Universidad del Zulia cuenta con 1.577 puestos vacantes de profesores, según informes suministrados a finales de 2013 por la vicerrectora administrativa, María Núñez." "Gran parte de la tecnología y la capacidad científica de Venezuela, construida a lo largo de medio siglo, se ha perdido en la última década", escribe Claudio Bifano, presidente de la Academia Venezolana de Ciencias Físicas, Matemáticas y Naturales, en esa edición de Nature.[BIF 2013]

Si bien el cambio de esta situación y la recuperación hacia una estrategia que permita formar más profesores y reforzar las instituciones de educación, no se ve a corto plazo, es necesario insistir en la necesidad de generar oportunidades tanto para los estudiantes como para nuevos profesores, mediante el uso de las TIC en educación. Este aspecto es también necesario para que los estudiantes venezolanos puedan conocer las oportunidades presentes en otras latitudes, en casos como el presentado por el Dr Rafael Reif, presidente del Massachusetts Institute of Technology (MIT).

En un artículo publicado en la revista Time, con fecha 26 de Septiembre de 2013, el Dr Reif esboza una estrategia de renovación de la educación superior mediante la incorporación cada vez más masiva de cursos y contenidos Online. Para ello se basa en la experiencia del MIT, mediante la plataforma MIT OpenCourseWare , que ha alojado a más de 150 millones de estudiantes de todo el planeta, entre el 2002 y 2013. También menciona el éxito de la plataforma que desarrolla el MIT en conjunto con la Universidad de Harvard, edX , la cual ha incorporado a 1,25 millones de estudiantes en 17 meses de funcionamiento. Este número de estudiantes es superior en más de 10 veces, al número de graduados del MIT, actualmente con vida [REI 2013]

Reif destaca que la educación, para los que ingresarán en la universidad para el año 2025, será profundamente diferente, dada la importancia de los desarrollos Online. Esta educación permitirá el acceso al conocimiento a millones de personas que no tienen las posibilidades económicas y geográficas, de acceder a conocimiento de alto nivel: "educación digital permitirá a los estudiantes el uso del material de estudio en cualquier momento, tan frecuentemente como lo deseen y desde cualquier lugar del planeta". También señala que el uso de plataformas digitales permite "obtener información y analizar las formas cómo la gente aprende de la mejor manera".

Al final del artículo, Reif señala: "yo creo firmemente que el aprovechamiento de las fortalezas de la educación Online hará la educación más accesible, más efectiva y más económica para los seres humanos, más que nunca antes".

Frente a este panorama verdaderamente "revolucionario", Venezuela se pierde en una confusión ideológica, y en una batalla infértil que ha destruido buena parte de las capacidades educativas.

Recientemente (21 y 22 de Octubre de 2014) tuvo lugar en Washington, un encuentro de educadores, formuladores de políticas públicas, investigadores y promotores del uso de las nuevas tecnologías en la educación, organizado conjuntamente por el Banco Interamericano de Desarrollo (BID [BID 2014]) y la Organización de Estados Americanos (OEA [OEA 2014]). El nombre del evento en el que se presentaron las ponencias en el BID no puede ser más claro y estimulante: "Escuelas listas para el cambio. Tecnología para mejorar los procesos de aprendizaje en América Latina y el Caribe".

En el evento se presentaron experiencias de alto valor educativo, que muestran los esfuerzos que muchos países de la región han desarrollado para educar a sus jóvenes, y los logros que se alcanzan. El encuentro permitió el intercambio de experiencias desarrolladas, la presentación de alternativas y programas elaborados por instituciones públicas, privadas o pequeños emprendedores, y generó espacios de cooperación y crecimiento. De esta manera, por ejemplo, las plataformas desarrolladas en Uruguay o en Honduras, pueden ser utilizadas en México o Costa Rica. En este encuentro se impulsaron también programas gratuitos de formación de profesores y maestros, adelantados por importantes empresas trasnacionales (como INTEL) que permiten la formación de profesores y la preparación de proyectos que transforman la vida de las comunidades, dotándolas de conocimiento, tecnología y metodología (www.intel.com/educacion).

Entre las numerosas experiencias analizadas en ese evento, deseamos resaltar dos. La primera es la página web www.julioprofe.net [JUL 2014], de acceso libre y gratuito, desarrollada por un profesor de Cali, Colombia, quien presenta actualmente 438 videos de clases en las áreas de matemática y física, orientados a estudiantes que culminen la educación secundaria y los que inician la universitaria. En sus videos incluyen presentaciones y soluciones de problemas, que agrupa en las disciplinas de física, aritmética, álgebra, geometría, trigonometría, geometría analítica, cálculo, álgebra lineal y matemáticas superiores. De acuerdo a información presentada por el profesor (el autor de la página es el ingeniero Julio Ríos Gallego), la página ha recibido 86 millones de visitas, y hay 422.000 personas registradas. Sus contenidos son clases de muy clara y sencilla presentación, que complementan con gran calidad, una clase desarrollada por un profesor de matemática o física de los últimos años de secundaria o los primeros de carreras como ingeniería. Esta página muestra los exitosos resultados de un esfuerzo desarrollado por un emprendedor, con mínimos recursos. Solo utiliza una cámara de un teléfono inteligente, una pizarra y marcadores de colores, además de la propia página web en la que coloca los contenidos que desarrolla.

Con una perspectiva de recursos y objetivos completamente diferente, el "Plan Ceibal", (www.ceibal.edu.uy [CEI 2014]) desarrollado por el gobierno del Uruguay, presenta un muy amplio programa con alcance nacional, tanto para la educación primaria como secundaria. Este programa fue creado por la Presidencia de la Republica en 2006, con la finalidad inicial de entregar computadores a maestros y alumnos del sistema educativo. El programa actualmente incluye videoconferencias, clases, concursos, laboratorios de robótica, entrega de laptops y tablets, olimpiadas de robótica, informática y videojuegos, concursos de cortos animados, cursos de inglés, evaluación de resultados del sistema educativo, juegos de matemática, mantiene una biblioteca virtual con más de 50.000 usuarios. Incluye herramientas de apoyo al docente, para el dictado de las clases, además de programas de capacitación para profesores. Cabe desatar la plataforma PAM, con más de 100.000 actividades de matemática, para docentes y estudiantes de primaria y educación media.

En ninguna de las conferencias o reuniones del evento, se mencionó la palabra Venezuela, a pesar de que sí estuvieron presentes, de una manera u otra, la casi totalidad de los países de Latinoamérica y El Caribe.

En la procura de aportar un grano de arena en la superación de este drama, hemos creado un centro de formación preuniversitaria Online, www. centropascal.com, que permite que tanto estudiantes que están en proceso de culminación del bachillerato, como estudiantes que se inician en la universidad, puedan prepararse y superar deficiencias en física, química, matemática, biología, lenguaje y Excel, asistidos por profesores de alto nivel, vía internet.

Esta iniciativa ha sido avalada por la UCAB, y permite también que profesores que se inician en el dictado de estas asignaturas, sobre todo en la educación media, puedan contar con apoyo en contenido y estrategias. El Centro Pascal, forma parte de una iniciativa más amplia de desarrollo del conocimiento, que desde hace 6 años, realiza formación presencial y Online, proyectos de investigación aplicada, especialmente en ingeniería, ambiente y reducción de riesgos de desastres (a nivel nacional y latinoamericano), así como programas de responsabilidad social y ambiental. En una etapa que se inicia, esta iniciativa se plantea desarrollar asignaturas a todos los niveles de la educación media y primaria, a fin de facilitar el acceso a la educación Online; para ello es fundamental la participación de profesores y de padres, además de los jóvenes.

Ocupada de otras cosas y otras "revoluciones", Venezuela se queda atrás frente al revolucionario avance de la educación en el mundo. Ante esa lamentable realidad, es necesario que los profesores y los jóvenes aprendan a estudiar utilizando las herramientas Online, que hoy representan una revolución similar a la que significó el surgimiento de la imprenta y el libro, hace 8 siglos. Las nuevas tecnologías abren horizontes de conocimiento en cursos que se dictan en el mundo entero.

Es fundamental promover muchas iniciativas de este tipo. El aislamiento y la frustración que generan, en los jóvenes, el no poder acceder a educación de calidad, que les permita crecer en sus vidas, es una fuente de descontento, resentimiento y hasta de posibles venganzas en el futuro, venganzas que los pueden llevar a participar, como en Venezuela, en procesos destructivos en lugar de procesos constructivos. El ejemplo del surgimiento reciente de otras fuentes de violencia radicales de violencia, como el ISIS, también pueden conseguir apoyo en el resentimiento y ausencia de oportunidades que enfrentan los jóvenes en su tránsito a la adultez, especialmente en los países más pobres o con regímenes autoritarios.

14) Perspectivas de la innovación y la sostenibilidad.

Una inquietud que debe guiar también la definición de estrategias asociadas a la generación de conocimiento y a la innovación, es la conocer los problemas y desafíos actuales para la tecnología y el desarrollo a nivel global. La ingeniería tiene un rol fundamental en ello, y en tal sentido, varios grupos de pensamiento se preguntan por estas tendencias. La actividad ingenieril debe plantearse retos fundamentales que atiendan demandas de un mundo complejo, con una población creciente, y procurar calidad de vida para todos. Es un reto nada simple. Estos retos deben ser incluidos en las propuestas sobre el país y sobre sus relaciones con el mundo. En ese sentido, son mencionadas reflexiones que surgen de dos grupos de carácter global.

En marzo de 2013, la Academia nacional de Ingeniería de USA, la Real Academia de Ingeniería del Reino Unido, y la Academia China de Ingeniería, organizaron un encuentro en el Instituto de Ingeniería y Tecnología de Londres, en el que reunieron 450 líderes mundiales en ingeniería, ciencias, economía, artistas, filósofos y planificadores, en un encuentro que denominaron: "Grandes desafíos globales" (Global Grand Challenges Summit). Se propusieron analizar los desafíos más importantes de la humanidad, y proponer la cooperación internacional y multidisciplinaria, necesaria para atenderlos. Los temas fundamentales fueron: salud, sostenibilidad, educación, tecnología y crecimiento, resiliencia y enriquecimiento. A continuación se incluyen ideas resumen de los temas analizados en ese encuentro [BHA 2013].

- Necesidad de motivar a los jóvenes para emprender estudios de ciencia, tecnología, ingeniería, matemáticas y artes
- Necesidad de desarrollar soluciones de ingeniería para apoyar a las poblaciones más pobres.
- Las sociedades actuales dependen totalmente de las ciencias para obtener alimentos, agua, combustibles y medicinas. El crecimiento de la población impone la necesidad de producir cambios disruptivos que permitan satisfacer esas crecientes demandas.

- El ADN es el "software" de la vida, y es necesario determinar el rol de la vida sintética en el esfuerzo por cubrir las necesidades globales.
- El desarrollo sostenible tiene tres dimensiones interconectadas a fin de lograr una sociedad saludable: (1) prosperidad económica y finalización de la pobreza extrema (2) inclusión social (3) sostenibilidad ambiental. Todo esto atado a la paz y buena gobernabilidad tanto pública como privada.
- La ausencia de tecnología en los países en desarrollo puede ser una oportunidad para introducir nuevas tecnologías.
- Ingenieros y científicos deben inspirarse en soluciones de la naturaleza, para resolver necesidades globales.
- Innovaciones en salud deben hacerse accesibles a todos. Es necesario hacer un esfuerzo en prevención de enfermedades y discapacidades.
- Ingenieros y científicos deben incrementar su presencia pública y deben ser celebridades más importantes que atletas y actores, y sobre todo, deben hacer un esfuerzo por atraer estudiantes a los campos de ingeniería y ciencias.
- Es necesario transformar la educación para ingenieros en algo más práctico y basado en proyectos. Todos los estudiantes deben ser educados para resolver problemas.
- La educación Online permitirá que se organicen comunidades centradas en ingeniería.
- La ingeniería toma una imagen conceptual y la convierte en realidad. Por lo tanto, los ingenieros deben proyectarse como artistas que generan nuevas ideas y las hacen realidad, como artesanos que optimizan procesos, como filósofos que ejercen sus juicios en el proceso de diseñar soluciones.

El segundo grupo de análisis, ha sido motivado por la Academia Nacional de la Ingeniería de Estados Unidos, en 2006 [MAR 2008] (http://www.tendencias21.net/La-ingenieria-del-siglo-XXI-se-enfrenta-a-14-desafios-principales_a2082.html). En este grupo, se establecieron cuatro ejes de análisis, en los que está comprometido el futuro de la humanidad y en los cuales la ingeniería debe aportar soluciones:

- Sostenibilidad
- Salud
- Reducción de la vulnerabilidad
- Calidad de vida.

En ese contexto, fueron identificadas como amenazas globales:

- Crecimiento de la población, frente a un inadecuado modelo de desarrollo e insuficiencia de recursos naturales
- Vulnerabilidad: Pandemias, Guerras, Terrorismo, Desastres naturales
- Degradación Ambiental.
- Pobreza

En síntesis, se establecieron 14 retos de la ingeniería y el conocimiento

- Conseguir que la energía solar sea accesible
- Suministrar energía a partir de la fusión
- Desarrollar métodos de "secuestro" del carbono –
- Gestionar el ciclo del nitrógeno
- Suministrar acceso al agua potable
- Restaurar y mejorar las infraestructuras urbanas
- Avanzar en la informática para la sanidad
- Diseñar mejores medicamentos
- Hacer ingeniería inversa del cerebro
- Prevenir el terror nuclear
- Proteger el ciberespacio
- Enriquecer la realidad virtual
- Avanzar en el aprendizaje personalizado
- Diseñar herramientas para el descubrimiento científico

15) Innovación, otra vuelta de tuerca

Las políticas nacionales de desarrollo en los paradigmas emergentes de la «Sociedad del conocimiento» se ubican, necesariamente, en el contexto global. La dimensión regional es fundamental, y la integración con socios latinoamericanos es una estrategia que debe avanzar para construir nuevos equilibrios en el escenario mundial, cerrar las brechas con los países desarrollados, y establecer una situación más justa para todos.

Las consideraciones que siguen apuntan a contribuir con la formulación y ejecución de políticas públicas de desarrollo, basadas en la gestión del conocimiento y en el fortalecimiento de la ciencia, la tecnología y la innovación, dentro de una visión global de crecimiento e integración de la región en el contexto mundial.

En las décadas de 1970 y 1980, en Venezuela y en la mayoría de los países de la región, las estrategias de gestión pública en ciencia y tecnología se destinaron principalmente a fortalecer la oferta y las capacidades científico tecnológicas, especialmente en las universidades y centros de investigación: infraestructura física, capital humano, reforzamiento institucional de organismos de financiamiento, entre otros aspectos. En la década de 1990 se introdujeron cambios importantes en estas políticas: se orientaron hacia nuevas acciones y programas con énfasis en el desarrollo de la tecnología y la innovación tecnológica en el sector productivo, con el fin de atender las prioridades nacionales de desarrollo. Las nuevas estrategias responden a un enfoque sistémico, que busca fortalecer el Sistema Nacional de Innovación (SNI), con los objetivos principales de:

- Incorporar nuevas tecnologías y procesos en la producción y procesos conexos de las empresas.
- Fortalecer instituciones de financiamiento, información, apoyo técnico, servicios y normas para el sector productivo.
- Acrecentar montos, eficacia y productividad de la inversión en ciencia y tecnología.
- Formar y aprovechar los recursos humanos.

- Fortalecer las vinculaciones entre los componentes y actores del SNI.
- Fortalecer la cooperación internacional en ciencia y tecnología.
- Complementar los programas en esta área con inversiones en educación básica, secundaria, superior y capacitación laboral, entre otros.

Sin embargo, la consolidación del Sistema Nacional de Ciencia, Tecnología e Innovación (SNCTI) en Venezuela, se ha perdido en realidad, por lo que debe ser entendido como un objetivo de mediano o largo plazo. Además de la profunda problemática política, el SNCTI también se ve obstaculizado por las difíciles e inestables condiciones económicas y sociales, las debilidades institucionales, la frágil continuidad de las políticas y planes, y el escaso nivel de inversión verdadero en educación, investigación, desarrollo y de estímulo a la innovación en el sector productivo.

La grave situación de desigualdad social y de pobreza no puede esperar la respuesta de un posible, aunque todavía lejano, sistema nacional que brinde un marco estable a procesos de innovación generalizados. En muchos países latinoamericanos, como en Venezuela, la inversión pública se ha dispersado y ha tenido pocos resultados visibles. En algunos países se reconoce esta situación, y se han tratado de focalizar los recursos hacia áreas prioritarias o «de oportunidad». En Chile, por ejemplo, con políticas que tienden más al libre mercado, estos cambios se reflejan en los programas de financiamiento del BID: las prioridades de inversión se centran en temas y tecnologías transversales, con estrategias que minimizan la intervención del Estado. La evaluación de estos programas apunta sin embargo, a valorar más la intervención del Estado: ésta es importante no sólo en la definición de áreas prioritarias o estratégicas para el país, sino también en la activa búsqueda y aprovechamiento de oportunidades concretas de desarrollo y en la coordinación intersectorial e interinstitucional de las acciones.

La economía de los países latinoamericanos se basa fundamentalmente en la producción y exportación de productos primarios, actividades realizadas en su mayoría por grandes empresas nacionales, muchas veces en alianza con empresas transnacionales. La lógica de obtener resultados de rápido impacto obliga a considerar estrategias específicas alrededor de la producción de primarios; esto es: la utilización de la capacidad nacional, especialmente de las pymes, para satisfacer la demanda de servicios de estas empresas; la mejora de su competitividad a partir del desarrollo de tecnologías y servicios nacionales en procesos de producción, control, gestión, certificación y calidad; la diversificación de la economía a partir del desarrollo de industrias «aguas abajo» que aporten valor agregado intensivo en conocimientos a los productos primarios y a partir del desarrollo de empresas «aguas arriba» que aporten competitividad en los procesos de extracción o producción de primarios. Alrededor de las grandes empresas —que son las que en su mayor parte generan la riqueza del país—, es factible desarrollar redes y clusters competitivos de pymes que generen empleo y una mejor calidad de vida para la población. Las estrategias exitosas en ciencia y tecnología se orientan a detectar y profundizar las fortalezas existentes en el país, para así atender la demanda de estas grandes empresas, desarrollar las capacidades necesarias y apoyar la consolidación de pequeñas y medianas empresas high-tech alrededor de la explotación de productos primarios, que son la base actual de la economía. Son necesarias, evidentemente, políticas públicas innovadoras y agresivas, especialmente en lo referente a programas de compras del Estado, la creación de incentivos, el establecimiento de redes de apoyo tecnológico, de mecanismos de financiamiento y la intervención directa sobre las cadenas productivas existentes.

En Venezuela, como en otros países de la región existen actualmente muy pocas iniciativas innovadoras de alto nivel competitivo e inclusive con acceso a mercados internacionales. Lamentablemente, las políticas públicas en ciencia y tecnología no se han ocupado de detectar estas iniciativas, a veces muy frágiles, ni de desarrollar los instrumentos apropiados para fortalecerlas e incentivar su crecimiento. En la mayor parte de los casos, estas experiencias innovadoras surgen de manera casi fortuita, por causas circunstanciales o por iniciativas particulares imposibles de replicar o sistematizar en el contexto concreto de cada país; por ello, es necesario que las políticas y el gasto público permitan un espacio suficiente para su surgimiento y crecimiento.

La focalización hacia proyectos y oportunidades concretas no es la única directriz de las políticas públicas en ciencia y tecnología: reservar un espacio para la libre demanda es siempre necesario y valioso; con ello, el peligro de dirigir demasiado la intervención del Estado hacia apuestas de desarrollo que pueden ser riesgosas queda en alguna medida contrarrestado. El control y monitoreo del surgimiento de estas iniciativas inesperadamente exitosas es fundamental para crear y fortalecer los mecanismos de apoyo que garanticen su crecimiento y consolidación. Asimismo, es necesario destinar fondos al reforzamiento de la oferta de conocimiento, de las capacidades de investigación y generación de conocimientos en todas las áreas, a la formación de investigadores y al fortalecimiento de la infraestructura de I+D.

La formulación de proyectos específicos de desarrollo en sectores competitivos, no es posible a partir de la simple declaración o imposición de políticas enunciadas en los organismos públicos competentes: esta forma tradicional de intervención vertical del Estado no ha tenido ningún éxito en la integración e incorporación de los elementos y actores sociales necesarios para la ejecución de los proyectos; la experiencia muestra que se requiere la participación y el consenso para garantizar el éxito de las políticas y planes del país, su continuidad y sustentabilidad.

Las herramientas prospectivas han probado ser exitosas para la detección de los horizontes de oportunidad, siempre y cuando se realicen a partir de procesos amplios, incluyentes e integradores, que permitan la formulación de una visión común, y el consenso de actores con intereses muchas veces divergentes. La experiencia de Venezuela, particularmente en el sector de la industria química asociada con procesos de extracción y producción de petróleo, es un ejemplo exitoso de esta práctica, que llevó al establecimiento de mesas de negociación y a la formulación de proyectos concretos.

Otros instrumentos exitosos para lograr la concertación de actores, canalizar la inversión pública en proyectos de impacto, vincular estrechamente la oferta y la demanda e incentivar la participación del sector productivo, son las «agendas» venezolanas y las «mesas» uruguayas.

La intervención de los organismos multilaterales —Banco Interamericano de Desarrollo (BID), Banco Mundial (BM)— sigue siendo importante para el desarrollo de la ciencia y la tecnología en la región; es necesario, sin embargo, fortalecer y orientar las políticas nacionales, y negociar acuerdos con estos organismos cuidadosamente, en función de las características, fortalezas y necesidades de cada país, de preservar la soberanía nacional y de lograr mayores impactos, más visibles a corto plazo, en el aprovechamiento de las oportunidades de desarrollo. Estudios de preinversión, utilizando métodos prospectivos abiertos y participativos, son altamente recomendables para formular convenios más acordes con las necesidades de desarrollo y que cuenten con la aceptación general de los usuarios. Dada la difícil situación de Venezuela, es improbable que estos estudios se realicen con financiamiento público; sería deseable aprovechar los préstamos para preinversión que estos organismos otorgan o los programas de cooperación técnica de recuperación contingente; así se podría orientar al menos una parte de la inversión a la ejecución de proyectos prioritarios definidos a partir de una visión de consenso de los actores involucrados. Adicionalmente, en Venezuela ha existido en los últimos 15 años, una feroz crítica a los organismos internacionales como el FMI y el BM, sin que hasta el momento se haya terminado de formalizar el retiro de la representación venezolana de estas instituciones.

Por otro lado, es evidente que los instrumentos de política y financiamiento implementados no son suficientes o adecuados para fortalecer la demanda del sector productivo y su participación en la inversión en procesos de innovación. Los instrumentos actualmente utilizados para incentivar o apoyar la participación del sector productivo en procesos de innovación, no han tenido un impacto apreciable en el crecimiento competitivo de las empresas nacionales, en particular, de la pyme; ofrecer fondos públicos de financiamiento para proyectos tecnológicos no es suficiente en un entorno donde los componentes del sistema de innovación son débiles y poco coordinados entre sí, y donde el sector empresarial presenta bajas capacidades para la formulación y ejecución de estos proyectos.

Una estrategia apropiada de promoción desde el Estado podría ser concentrar inversión en sectores o cadenas previamente elegidos por ser competitivos, o por tener fortalezas o potencialidades claramente definidas. Pero esto no es suficiente; para que la intervención sea exitosa es perentorio implementar instrumentos de financiamiento y ejecución de las políticas públicas que se adapten a las necesidades específicas de cada proyecto identificado, así como a las demandas de las distintas empresas y actores que en él participan; asimismo, las distintas etapas de desarrollo de cada proyecto exigen instrumentos diferenciados, eficaces en su acompañamiento y de evaluación del cumplimiento de los compromisos y planes establecidos. Los modos de intervención posibles son múltiples: sobre una cadena de producción, en un cluster de empresas, o en empresas individuales; pero su eficacia dependerá de la existencia de instrumentos apropiados y del diagnóstico previo de la competitividad de los actores en cada proyecto específico, lo que permitirá reforzar sus capacidades de ejecución. Se requieren instrumentos de financiamiento y ejecución que apoyen, por ejemplo, la formación del recurso humano, la inserción en el proyecto de personal de alto nivel, la vinculación con universidades y centros de investigación, los cambios organizacionales requeridos para la transformación competitiva, la información y soporte tecnológico, la creación de redes asociativas, los procesos de calidad, la exploración de nuevos mercados, la exportación, entre otros.

En la región latinoamericana, existen experiencias interesantes e instrumentos exitosos de intervención del Estado en el desarrollo de la ciencia, la tecnología y la innovación: un ejemplo son las iniciativas colombianas de encuentros de competitividad organizados por cadenas de producción, con logros importantes en la formulación de proyectos concretos, pero todavía con deficiencias en la propuesta de instrumentos adecuados para apoyar su ejecución. Otro ejemplo interesante, como forma de intervención directa, es la experiencia venezolana iniciada en 2000-2001 con el Programa de modernizadores de empresas, del MCT. Se trata de un instrumento concebido para la inserción de profesionales especializados de alto nivel en el seno de pequeñas y medianas empresas, con el fin de formular diagnósticos de competitividad y proyectos específicos de innovación o de modernización tecnológica, a ser cofinanciados y acompañados en etapas posteriores con otros instrumentos del FONACIT (Fondo Nacional de Ciencia, Tecnología e Innovación). Como apoyo para esta iniciativa, se desarrolló un portal de vinculación de la oferta con la demanda en el espacio virtual: un lugar de intercambio, donde los empresarios exponían sus problemas y demandas específicas, los profesionales u otras empresas o instituciones presentaban ofertas o soluciones posibles, y se sentaban las bases para la propuesta de proyectos conjuntos, susceptibles de ser financiados por el FONACIT.

En algunos países de la región, como en Uruguay, Colombia y Chile se proponen, con mayor o menor éxito, diferentes instrumentos para el financiamiento de proyectos asociativos entre empresas. Tal vez sea necesaria, para potenciarlos y obtener un mayor impacto, una intervención más activa del Estado en la dirección de propiciar encuentros de competitividad para complementar capacidades y de proponer alternativas para financiar los costos de transacción en el establecimiento de estas asociaciones.

Una gran laguna en los programas nacionales de fomento y desarrollo de la competitividad, es la insuficiencia de instrumentos públicos adecuados para el apoyo a procesos de internacionalización de las empresas con potencial exportador y al establecimiento de iniciativas regionales con apoyo efectivo de los organismos multilaterales. Otra gran debilidad se detecta en los instrumentos para fomentar la vinculación entre el sector académico y el sector productivo. Los programas existentes tienden a apoyar la formación de unidades de vinculación en el seno de las universidades, con pocos resultados de impacto apreciable. Parecería más adecuado orientar los esfuerzos hacia la formación de este tipo de unidades en el seno de las empresas: desde la demanda, y no desde la oferta.

En resumen, además de concentrar parte importante de los recursos disponibles en proyectos específicos de desarrollo, es necesario revisar y evaluar el abanico de instrumentos y programas de apoyo gubernamental ofrecidos actualmente, para modificarlos y adaptarlos a formas de intervención más directas, que hagan posible la ejecución de los proyectos y contribuyan con la consolidación de una demanda real de ciencia y tecnología. Existe información muy valiosa sobre los instrumentos más exitosos en los distintos países latinoamericanos y del mundo, los cuales pueden ser replicados, mejorados y adaptados según las necesidades de cada país. La organización de eventos regionales, para compartir y discutir las distintas experiencias en formulación y ejecución de políticas de desarrollo de la ciencia y la tecnología, sería una iniciativa importante para propiciar este proceso.

La creación de incentivos tributarios directos para las empresas que realizan proyectos de innovación ha sido una iniciativa exitosa en algunos países para fortalecer la demanda y contribuir con la sostenibilidad de los programas de ciencia y tecnología; se trata de incentivos diferenciados y reglamentados por sectores, por períodos de tiempo determinados, por tamaño de las empresas, etc., de manera de asegurar que contribuyan con la formación de una competitividad real. En Venezuela se introdujeron también, en la Ley orgánica de ciencia, tecnología e innovación de 2001, medidas impositivas para asegurar la inversión de las grandes empresas en ciencia y tecnología, no para la creación de fondos a ser administrados por el Estado, sino para proyectos específicos ejecutados por las mismas empresas en sus actividades productivas. Se requiere fortalecer las capacidades de los organismos públicos en la coordinación, negociación, formulación, acompañamiento y seguimiento de estos proyectos, para que estas medidas tengan el éxito deseado. La política de compras tecnológicas del Estado es otro instrumento valioso para constituir una demanda sostenida en el tiempo y organizar proyectos de competitividad alrededor de cadenas específicas de producción orientadas a satisfacer esta demanda.

Especial atención requieren las instituciones gubernamentales llamadas a ejecutar las políticas públicas de desarrollo en ciencia y tecnología: una necesidad, por ejemplo, son los programas para la formación y capacitación de los empleados públicos en gerencia social e innovación. Otra prioridad, es la modernización y adaptación del funcionamiento de las organizaciones gubernamentales a las demandas del sector productivo y al entorno social, así como a los nuevos instrumentos y políticas de intervención establecidas por el Estado. Los nuevos esquemas de políticas públicas obligan a innovar en las formas institucionales de gerencia y funcionamiento: esquemas exitosos se han introducido en la Corporación de Fomento de Chile (CORFO) , por ejemplo, con la creación de redes de aliados para la gestión y administración descentralizada de los proyectos. Alianzas con bancos de segundo piso y con la banca comercial, permiten agilizar la administración de los fondos, como en los casos de Chile y Colombia, aunque hay que velar porque estos mecanismos no entraben el acceso al financiamiento de las pymes. Las tecnologías de información se utilizan con éxito en Venezuela para iniciar la automatización total de los procesos de atención al usuario, recepción de proyectos, evaluación, elaboración de contratos y otorgamiento de los fondos.

La inversión en el establecimiento de sistemas de evaluación y seguimiento de la gestión y de la ejecución de los programas, es una necesidad, con la elaboración de indicadores adecuados y el establecimiento de instrumentos y plataformas adecuadas para el manejo de la información y el monitoreo del entorno. Programas de fortalecimiento institucional son requeridos con para atender estos aspectos prioritarios.

Se ha comprobado en otras regiones y países del mundo que los programas específicos para el desarrollo de las tecnologías de información dan frutos muy positivos si se insertan con éxito en políticas de innovación con una visión integral de desarrollo; sin embargo, su impacto no ha sido apreciable en el fortalecimiento de la competitividad de los sectores productivos del país y de la región, objetivos prioritarios a alcanzar en los planes nacionales. Se requiere entonces profundizar en Venezuela los esfuerzos en proyectos de desarrollo de contenidos locales; de la industria del software; de competitividad y modernización de las pymes y de cadenas productivas; en el gobierno electrónico; en programas de educación; en el desarrollo de bases de información con una democratización del acceso equitativo y equilibrado de todos los sectores sociales y regiones del país.

Los programas de apoyo a la formación de nuevas empresas de base tecnológica, como los destinados a la creación de incubadoras y semilleros de empresas, no han tenido mayor impacto en la región, aunque hay que considerar que son iniciativas muy recientes. La poca efectividad de estos programas tiene que ver con la ausencia de capitales de riesgo, con las dificultades de acceso al financiamiento de la banca tradicional, la inexistencia de redes de apoyo efectivo, las trabas administrativas, la precariedad de los mecanismos de vinculación con las universidades, y, en definitiva, con la inexistencia de verdaderos sistemas nacionales de innovación.

Los altos costos de inversión que exige la instalación de incubadoras, y su poca efectividad e impacto (salvo, tal vez, en el caso de incubadoras de empresas en tecnologías de información), apuntan a no recomendar de manera indiscriminada estos programas en los casos de países con sistemas de innovación poco consolidados, donde se requiere concentrar los escasos recursos públicos en acciones con una efectividad asegurada. Iniciativas como las de incluir cursos de formación empresarial en los programas universitarios, de facilitar la movilización de profesores e investigadores hacia la industria, de consolidar redes de apoyo tecnológico, de crear unidades de vinculación universidad-empresa (ubicadas preferiblemente en las empresas), de simplificar los trámites del estado, de fortalecer el sistema de patentes, de completar el sistema financiero nacional, de crear fondos de capital de riesgo, por ejemplo, parecen más prioritarias y efectivas, a la hora de racionalizar la inversión pública.

Las políticas globales y programas regionales en el área de ciencia y tecnología juegan un rol clave en los planes de desarrollo. Son esenciales las estrategias para complementar y aprovechar las ventajas y potenciales específicos de cada país; por ejemplo, sería recomendable el establecimiento de centros de I+D de excelencia, de instituciones de capacitación técnica, de postgrados, programas de formación y becas regionales, en áreas determinadas, seleccionadas a partir de las fortalezas nacionales existentes, con el objetivo de no duplicar esfuerzos, de aprovechar las capacidades y fortalecerlas, optimizar la inversión y fomentar el intercambio científico y tecnológico en la región, hoy casi inexistente. Otro requerimiento inmediato, es el de programar una agenda de intercambio y discusión en torno a las políticas y experiencias de desarrollo en ciencia y tecnología y en tecnologías de información.
El establecimiento de sistemas regionales de información y apoyo tecnológico, de redes de fondos de financiamiento ya existentes en los países, y la instalación de un observatorio de la competitividad regional, serían otras tantas iniciativas productivas. Es factible promover e iniciar la creación de fondos de capital de riesgo en la región, con el apoyo de organismos multilaterales, como el Banco Interamericano de Desarrollo (BID), la Corporación de Fomento Andino (CAF) o el Banco Mundial (BM). En atención a las oportunidades de desarrollo de América Latina, es

vital lanzar programas regionales en biotecnología y en tecnologías de información, particularmente en este último caso, para complementar capacidades en torno al desarrollo de contenidos. Algunos aspectos todavía no suficientemente abordados en las agendas regionales de integración y esenciales para su desarrollo exitoso, tienen que ver, entre otros, con el impulso de programas para la internacionalización de las empresas competitivas de cada país, de apoyo a la integración de la oferta y la demanda en la consolidación de mercados regionales, a la constitución de alianzas estratégicas y asociaciones productivas internacionales, y al establecimiento de redes de apoyo tecnológico en la región.

16) Conclusiones: el reinicio

Estas notas son para cuando termine de pasar esta tormenta, para cuando podamos levantarnos y entre escombros, renazcan las ideas, podamos leer y mirar el horizonte y salir de la caverna.

Venezuela vive una profunda crisis política, económica y social que hacen imposible el desarrollo, y entre otras cosas, la investigación y la innovación. Sin un mínimo equilibrio macroeconómico, y sin un mínimo clima de convivencia, es imposible desarrollar un país, es imposible hacer investigación e impulsar la innovación. Las perspectivas de crecimiento de Venezuela son actualmente nulas. En esta oscura y tenebrosa realidad, puede parecer ilógico plantearse el tema de los esfuerzos por mantener vivas las llamas de la investigación, el desarrollo, el conocimiento, la ciencia, la tecnología y la innovación. Y es justamente por ello que lo estamos haciendo, es por ello que escribimos estas notas, para que esas palabras, conceptos, análisis y políticas, no se pierdan en el horizonte de la confrontación y la destrucción que vive el país actualmente. Estas notas son para cuando termine de pasar esta tormenta.

Este trabajo tiene como finalidad hacer una recopilación de lineamientos, políticas públicas, diagnóstico de problemas, estrategias y logros en el sector de Ciencia, Tecnología e Innovación, con la finalidad de poder contribuir, en el momento adecuado, a un debate crítico de la situación que vive Venezuela, y mantener vivos principios que deben guiar la formulación de políticas públicas y el desarrollo institucional. Todo esto con el objetivo de procurar el desarrollo nacional, basado fundamentalmente en el desarrollo del conocimiento, del talento humano, así como el correcto aprovechamiento de las ventajas propias del país, dentro de una estrategia de desarrollo y consolidación de un Sistema Nacional de Ciencia, Tecnología e Innovación.

Los análisis presentados muestran la situación actual del país, con un alto nivel de deterioro institucional y macroeconómico. La última década ha generado un proceso destructivo cuyas consecuencias son que Venezuela ocupe los últimos lugares del planeta en diversos renglones de la institucionalidad. Como ejemplo, el Índice de Competitividad del Foro Económico Mundial, muestra que el país se mantiene en una profunda crisis institucional (con el peor nivel de la categoría "instituciones" de todos los 144 países analizados, en posición 144) y macroeconómica (puesto 139).

La inestabilidad política y macroeconómica está marcada por altos niveles de inflación, deuda pública, corrupción, e ineficiencia del estado, además de ausencia de independencia de poderes, en particular el poder judicial, el cual tiene una clara tendencia a favorecer a los funcionarios públicos en sus decisiones, no garantizando el correcto ejercicio de la justicia. Estas condiciones quedan evidenciadas en los indicadores de independencia del poder judicial (144) y favoritismo en decisiones judiciales a favor de oficiales del gobierno 144. Adicionalmente, es importante sumar el problema de la inseguridad y criminalidad: costos del crimen y la violencia en los negocios 144, crimen organizado 141 y confianza en los cuerpos policiales 144.

La situación actual de Venezuela es reconocida mundialmente como crítica y en franco deterioro, en particular en el aspecto institucional.

Con la perspectiva de desarrollar el Sistema Nacional de Ciencia, Tecnología e Innovación (SNCTI), se proponen como lineamientos de las políticas públicas en ciencia y tecnología:
- Innovación, conocimiento y calidad de vida.
- Talento humano, creatividad y conocimiento.
- Innovación y sector productivo.
- Redes y capacidades asociativas.
- Uso del conocimiento en la gestión pública.
- Desarrollo de las Tecnologías de Información y Comunicación (TIC).

Se proponen líneas de acción que permitan impulsar una dinámica de desarrollo del SNCTI y de solución de dificultades que dificultan el desarrollo

- Con el objetivo de impulsar el Sistema Nacional de Ciencia, Tecnología e Innovación y avanzar en el camino hacia la Sociedad del Conocimiento, debe implementarse la LOCTI con los lineamientos desarrollados en 2001, la cual tenía como mecanismo fundamental de funcionamiento, por un lado la promoción del fortalecimiento de la demanda de conocimiento y capacidades y servicios tecnológicos por parte del sector productivo, y por el otro la promoción de la oferta de conocimiento y servicios por parte del sector de Investigación y Desarrollo.

- El proceso de fortalecimiento del SNCTI debe ser acompañado con mecanismos de prospección para orientar la visión común y la definición de objetivos. Por ello es conveniente definir un Plan Nacional de Prospección.

- En el proceso de promoción del encuentro de la demanda de conocimiento desde el sector productivo y la oferta de investigación, formación y servicios desde el sector académico, es adecuado promover mecanismos que promuevan las capacidades asociativas, como clusters, cadenas productivas, agendas, etc.

- Redefinir el rol del Estado, el cual debe tener un rol promotor en el desarrollo de capacidades y en la presentación y propuestas de líneas de investigación y desarrollo, por lo que es adecuado retomar los mecanismos de participación en agendas y las convocatorias para proyectos de I+D.

- Lanzamiento de agendas en áreas de prioridad nacional y desarrollo estratégico: petróleo, energía, ambiente, agroproducción, desarrollo urbano y vivienda, educación, nuevas tecnologías, salud, producción de medicamentos, paz y ciudadanía.

- La LOCTI-2001 estableció un mecanismo de inversiones y aportes financieros que impulsó el desarrollo estratégico del sector productivo y fortaleció con recursos el sector de investigación y desarrollo. Estos mecanismos deben ser retomados, con la presencia del Estado como promotor y como verificador del cabal cumplimiento de los mecanismos, para evitar corrupción y desvío de fondos, y dirigir, en algunos casos específicos, inversiones y aportes a sectores estratégicos o vulnerables.

- Relanzamiento de programas de apoyo y desarrollo de pymes.

- Retomar el diseño y lanzamiento de una zona especial de desarrollo tecnológico, que atraiga inversiones e incluya un centro de investigación, desarrollo y transferencia tecnológica.

- Preparación del Plan Nacional de tecnologías de información, con impacto primordial en educación, administración pública e innovación. Desarrollo de una agenda de educación Online que incentive intercambios y cooperación regional.

- Desarrollo de Talleres para el Fortalecimiento de la gestión Regional.
- Rediseño y lanzamiento del Observatorio Nacional de Ciencia, Tecnología e Innovación.
- Revisión y redefinición de la situación de la propiedad intelectual y los derechos de autor.
- Corregir los procedimientos de seguidos para otorgar becas, los cuales, actualmente, siguen criterios político-ideológicos.
- Relanzar la cooperación científica internacional, los programas de becas de postgrado y los programas de intercambio de profesores.
- Impulso de incentivos al vínculo universidad –empresa
- Rescate de la carrera del investigador y del profesor universitario.
- Impulso de un programa de estímulo a la repatriación del talento venezolano en el extranjero.
- Desarrollo de una agenda de recuperación urbana, vivienda, hábitat y reducción de riesgos de desastres.
- Revisión del programa espacial desarrollado en convenio con China.
- Relanzamiento de los programas del PIN (Investigador nobel) y del PIN industrial
- Inicio de programa de apoyo a Academias Nacionales, con el impulso de proyectos de investigación y la creación de un fondo para publicaciones.
- Definición y promoción de una agenda para el desarrollo sostenible.

Para aumentar la competitividad de las empresas existentes y favorecer la creación de nuevas empresas de base tecnológica, las políticas públicas deben orientarse a:

- Favorecer la inserción de personal de alto nivel y de investigadores en el seno de las empresas.
- La creación de redes de información y de apoyo empresarial.
- Impulsar la formación de profesionales de alto nivel y de

investigadores, de técnicos, gerentes y nuevos emprendedores.

- Propiciar la creación de pymes de base tecnológica.
- Favorecer la movilización de investigadores, del seno de las universidades e institutos, al sector productivo.
- Favorecer el uso y la demanda de tecnología, servicios y productos nacionales, por parte de las empresas del país.
- Favorecer la creación de redes de empresas (clusters) en cadenas de valor, que vayan abriendo oportunidades a sectores socialmente más aislados de la sociedad y con bajos niveles de conocimiento.
- Fortalecer los mecanismos de difusión de las tecnologías existentes y la infraestructura y servicios de apoyo tecnológico.

REFERENCIAS

[ANG 2000] Ángel, R., 2000 "Inventario de experiencias prospectivas en Venezuela 1970-2000" MCT, Caracas 2000. Antes en www. venezuelainnovadora.gov.ve, ahora en www.futuribles.com/fr/base/ bibliographie/notice/inventario-de-experiencias-prospectivas-en-venezue/

[BHA 2013] Bhatia, S. 2013 "Global Grand Challenges for Engineering and International Development" Harvard Kennedy School. (http:// www.technologyandpolicy.org/2013/04/30/global-grand-challenges-for-engineering-and-international-development/#.UgZ_KdK6e0r).

[BID 2011] Banco Interamericano de Desarrollo (BID), 2011. "La necesidad de Innovar. El camino hacia el progreso en América Latina" Segunda Edición Septiembre 2011.

[BID 2014] Banco Interamericano de Desarrollo (BID) "Quality Education is Possible" http://blogs.iadb.org/education/

[BIF 2013] Bifano, C. 2013. (http://diariodecaracas.com/que-sucede/ venezuela-pobres-condiciones-exodo-cientificos)

[BRE 2011] Bregolat, Eugenio. 2011. "La segunda revolución china: claves para entender al país más importante del siglo XXI" Capital Intelectual, Buenos Aires, 2011.

[CEI 2014] www.ceibal.edu.uy: portal del proyecto El Ceibal del gobierno del Uruguay.

[EEN 2014] Energy Economics Newsletter www.wtrg.com

[FER 2009] Fernández, F., 2009 "Marco Jurídico de los hidrocarburos y las inversiones y aportes empresariales en ciencia, tecnología e innovación", de la publicación: Impacto de la legislación en la industria del gas natural en

Venezuela". Una publicación de la Asociación venezolana de procesadores de gas (AVPG), Caracas, Noviembre 2009 (ISBN-978-980-6892-02-6)

[GCR 2013] Global Competitiveness report 2012-2013. World Economic Forum http://reports.weforum.org/global-competitiveness-report-2012-2013/

[GCR 2014-a-] Global Competitiveness report 2013-2014. World Economic Forum http://www.weforum.org/reports/global-competitiveness-report-2013-2014

[GCR 2014-b-] Global Competitiveness report 2014-2015. World Economic Forum http://reports.weforum.org/global-competitiveness-report-2014-2015/

[GEN 2007] Genatios, C., Lafuente, M. 2007. "Ciencia y tecnología para el desarrollo". Ediciones CITECI, ISBN: 980-6604-12-1, Caracas.

[GEN 2006] Genatios, C., Lafuente, M. 2006. "Petróleo, crisis y tecnología: la industria Offshore" Revista de la Cámara Venezolana de la Construcción (CVC), Caracas, Junio 2006.

[JUL 2014] portal educativo www.julioprofe.net

[KIS 2011] Kissinger, Henry, 2011. "On China". The Penguin Press, New York.

[KRU 2006] Kruger, K., 2006 "El concepto de Sociedad del Conocimiento", Revista bibliográfica de Geografía y Ciencias Sociales, Universidad de Barcelona, Vol. XI, no. 683, 25 octubre 2006. http://www.ub.edu/geocrit/b3w-683.htm

[LAY 2014] Layrisse, Francisco, 2014. "La guerra económica" El Nacional, 14 de Noviembre de 2014 http://www.el-nacional.com/francisco_layrisse/Guerra-economica_0_518948238.html

[LEG 2014] Legatum Institute: the 2014 Legatum prosperity index (www. prosperity.com)

[MAR 2008] Martínez, Y., 2008. "La ingeniería del siglo XXI se enfrenta a 14 desafíos principales" http://www.tendencias21.net/La-ingenieria-del-siglo-XXI-se-enfrenta-a-14-desafios-principales_a2082.html

[NTN 2014] NTN24: http://ntn24web.com/noticia/nueva-ley-de-comercio-electronico-obligara-a-vendedores-a-residenciarse-en-venezuela-30971

[OEA 2014] Organización de Estados Americanos, evento sobre Educación, Inter American Teacher Education Network (INTEN), Octubre 2014, Washington D.C. http://itenamericas.org/

[SID 2006] http://www.oncti.gob.ve/pdf/SIDCAI_2006.pdf

[SID 2007] http://www.oncti.gob.ve/pdf/SIDCAI_2007.pdf

[REI 2013] Reif, Rafael, 2013 http://odge.mit.edu/2013/09/mit-president-rafael-reif-discusses-online-education-in-the-new-issue-of-time-magazine/ and http://nation.time.com/2013/09/26/online-learning-will-make-college-cheaper-it-will-also-make-it-better/

[SCH 1912] Schumpeter, J. 1912, "The theory of Economic Development", tenth printing, 2004, transaction publishers, New Brunswick, New Jersey

[TER 2014] Terra: producción petrolera de Brasil alcanza record de 2.36 mln bdp en septiembre (2014) http://economia.terra.com/produccion-petrolera-de-brasil-alcanza-record-de-236-mln-bpd-en-septiembre,03f0b2 b3c3b79410VgnCLD200000b2bf46d0RCRD.html